JN177704

三つの石で地球がわかる

岩石がひもとくこの星のなりたち

藤岡換太郎　著

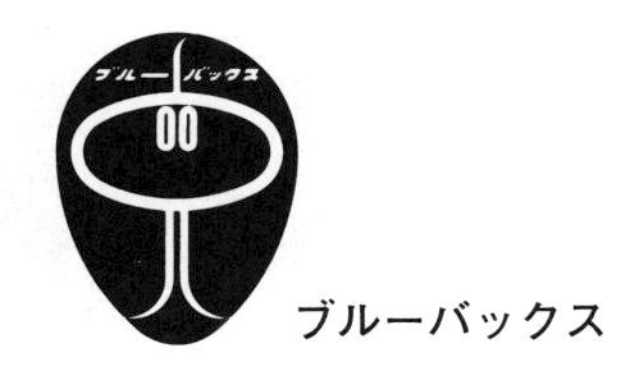

ブルーバックス

カバー装幀　芦澤泰偉・児崎雅淑
カバー写真　（右上から時計回りに）
CribbVisuals／E＋／ゲッティ　イメージズ
Haluk Köhserli／iStock／ゲッティ　イメージズ
Visuals Unlimited／amanaimages
本文デザイン　齋藤ひさの（STUDIO　BEAT）
本文図版　さくら工芸社

はじめに

石井さん、石川さん、石塚さん、石原さん、石渡さん。私が所属する日本地質学会の名簿に見つけた、「石」がつく名前です。「岩」も「石がつく字」に含めれば、岩井さん、岩崎さん、岩橋さん……と、さらに数はふえます。「山」や「川」、「田」などに負けず劣らず、「石」がつく名前もこのように、たくさんあります。みなさんの周りにも何人もいるでしょうし、あるいはご自身がそうかもしれません。これは石というものが、昔から私たちの生活に密着した、ごく身近なものであったことの証左です。

ありふれたものであるだけに、石は「石ころ」とも呼ばれ、なんでも一緒くたに見なされがちです。しかし、「石がつく名前」がたくさんあるように、実は石そのものにも、ものすごくたくさんの名前があるのです。石にはそれだけたくさんの種類があるということです。

私が小学生だった頃はまだ舗装道路が少なく、道端には大小さまざまな石がごろごろしていました。私はそれらを家に持ち帰っては、何という名前の石かを図鑑で調べていました。そんな石好きが高じた結果、私は岩石学者になってしまったわけです。

岩石学者たちの多くは、みずからを「石屋(いしや)」と呼んでいます。そして「石屋」たちの多くは、もともとはそうした「石オタク」だったのです。学会の会合などで「石屋」たちが初めて訪れる建物に入ると、何人かでしきりに床を靴で踏んづけたり、壁を掌でごしごしこすったりしている光景を目にすることがしばしばあります。よく見ると、そういうことをしながら「これは何々岩?」「いや、何々石だろ」などと確認しあっているのだとわかります。

しかし、そのような石オタクではない一般の方々にとっては、石の名前というものはとてもややこしく感じられるのではないかと思います。

最近は、美しい岩石や鉱物のカラー写真をたくさん掲載した写真集や図鑑などがよく売れているようで、石への一般の方々の関心が高まっていることは「石屋」として私もうれしいかぎりです。ところが、せっかく石に興味をもって、もう少し勉強してみようと思っても、岩石や鉱物の本には難しそうな石の名前がずらずら並んでいて、げんなりしてしまうという話を私自身、よく耳にします。結局、一般向けの石の本は、石の姿や面白いエピソードを楽しむだけで、科学についてはあまり書かれていないものが多くなってしまっているようです。

この本は、そういう不満に応えるために書きました。石の名前は、いくつも覚える必要はありません。基本的には、たった三つ、覚えるだけでいいのです。

三つの石を覚えるだけで、石というものの本質がわかります。たくさんあるほかの石のことも、体系的に頭に入ります。さらには、石がどう進化したかがわかります。生きもののように、石も長い年月をかけて進化しているのです。

そして、石の進化とはすなわち、石によってできている地球の進化でもあります。地球が現在の姿になるまでに進化してきた歴史は、三つの石の物語でできているのです。

では、その三つとは何という名前の、どのような石たちなのでしょうか。本書では、タイトルにも表紙や帯にも、どれがその三つなのかはあえて記していませんので、ぜひこの先をご覧いただき、ご自身でお確かめください。そして、楽しみながら石についての体系的な理解を深めていただければ、著者として何より幸いです。

三つの石で地球がわかる　目次

第1章　マントルをつくる緑の石
——橄欖岩のプロフィール

第2章

海洋をつくる黒い石

――玄武岩のプロフィール

第3章 大陸をつくる白い石 ——花崗岩のプロフィール 91

第4章 石のサイエンス ——鉱物と結晶からわかること 113

第5章 三つの石と家族たち
——火成岩ファミリーの面々

第6章

三つの石から見た地球の進化
——地球の骨格ができるまで 165

終章

「他人の石」たち　191

序章

そもそも、石とは何だろうか

石と岩は違うのか？

三つの石の物語を始める前に、少しだけ石について、基本的なことを押さえておきましょう。まず、みなさんは「石」と「岩」は違うものだと思っていますか。それとも同じだと思われているでしょうか。ふだん、あまり考えることもないかもしれませんが、言われてみれば気になるのではないかと思います。私もよく、この質問をうけます。

サイズが小さいものが「石」であり、大きければ「岩」であるという人もいます。『広辞苑』にも「石の大きなものが岩」とあります。だとすれば、宝石のことを「宝岩」とは呼ばないのも、サイズが小さいからということで説明がつきます。サイズで区別する考え方には、手で動かせる程度の大きさなら石、手で動かせないほど大きければ岩、という定義もあるそうです。

しかし、石にも「巨石」と呼ばれる巨大なものが、世界にはたくさんあります。たとえばレバノンの都市バールベックには、世界最大級といわれる長さ21・5m、高さ4・2m、幅4・8m、重さはなんと2000トンもある巨石があるのです（図0‐1）。こうなると、サイズによる区別もいささか怪しくなってきます。

ほかには、地盤にくっついていないものが石、くっついているものが岩、という定義のしかたもあるそうです。漢字の「石」に「山」がくっついて「岩」になるところからきているのかもし

図0－1　バールベックの巨石

れませんが、いささかこじつけのような感じもします。

つまるところ、石と岩の区別は明確にはつけられない、と考えてよさそうです。英語では、石は「stone」、岩は「rock」と呼ぶのが一般的ですが、やはりはっきりした区別はないようです。本書でも、あるときは石と言ったり、あるときは岩と言ったりと、厳密な区別はせずに話を進めていきますので、みなさんも気にせずに読んでください。

ただし、ひとつだけ確かなのは、「石」にせよ「岩」にせよ、通俗的な名称であり、科学的な用語ではないということです。地球科学では、石も岩もひっくるめて「岩石」という言葉を使います。そして岩石とは、「鉱物」が集まったものです。つまり岩石と鉱物の間には、岩石のほうが大きいという明確な関係があるのです。

なお、鉱物には金属や水（！）などさまざまなものがありますが、岩石をつくる鉱物をとくに「造岩鉱物（ぞうがんこうぶつ）」といいます。本書では以後は、造岩鉱物と言ったり、単に鉱物と言ったりしますが、断りなく「鉱物」とあれば造岩鉱物のことだと思ってください。

石は何種類あるのか？

人の顔には、眉毛が吊り上がっていたり、唇がとがっていたりといった「人相」があります。同じように、石にも顔つきがあって、これを「岩相（がんそう）」と呼んでいます。人相が千差万別であるように、岩相もさまざまです。岩相は石の色や、形、構成する成分の違いによって決まります。その違いによって、石にはさまざまな名前がつけられているのです。

石にはいったい何種類あるのか、石の名前はいくつあるのか、というのは難しい問題です。一説には3000種類あるともいわれていますが、実態はよくわからないというのが本当のところでしょう。石ころの図鑑をつくっている友人に聞いてみたことがありますが、それは難しい質問で、よくわからない、とのことでした。

そもそも、同じ石でも地域によって呼び方が違うこともありますし、何が正式名称なのかはっきりしていないものも多いのです。玉石混交ではありませんが、さまざまな名前が入り混じっていて、その実態は杳（よう）として知れないようです。このような話を聞いただけで、多くの人は気が遠くなってしまうでしょう。

だから本書では、科学的に意味のある石、言い換えれば地球の進化史にとって重要な三つの石だけにしぼって、複雑きわまりない石の世界を描き出してみせようというわけです。

石は何でできているのか？　①元素のはじまり

石についての基本の話をもう少し続けます。「違い」に目を向けるとややこしいことになりますので、すべての石に共通するところを見ていきましょう。

石は何でできているのか、という話です。

すべての石（岩石）は、さきほど少しふれたように鉱物（造岩鉱物ですね）によって構成されています。これはどんな石でも同じです。そしてすべての鉱物は、わたしたち生物の体や、水や油や空気など、もろもろの物質と同様に「元素」からできています。

いまから2400年ほど前に、ギリシャの哲学者デモクリトスは、もうこれ以上細かくは区分できないものとして「原子」という概念を提唱しました。元素も、原子と同じようなもので、いわば原子の性質を表す名前です。紀元前後にこのようなことを思いついたデモクリトスという人は偉大であったと思います。

現在では元素は118種類が知られていて（表0-1）、このうち天然に存在する元素は90種

金属元素

非金属元素

10	11	12	13	14	15	16	17	18
								2He ヘリウム 4.003
			5B ホウ素 10.81	6C 炭素 12.01	7N 窒素 14.01	8O 酸素 16.00	9F フッ素 19.00	10Ne ネオン 20.18
			13Al アルミニウム 26.98	14Si ケイ素 28.09	15P リン 30.97	16S 硫黄 32.07	17Cl 塩素 35.45	18Ar アルゴン 39.95
28Ni ニッケル 58.69	29Cu 銅 63.55	30Zn 亜鉛 65.38	31Ga ガリウム 69.72	32Ge ゲルマニウム 72.63	33As ヒ素 74.92	34Se セレン 78.97	35Br 臭素 79.90	36Kr クリプトン 83.80
46Pd パラジウム 106.4	47Ag 銀 107.9	48Cd カドミウム 112.4	49In インジウム 114.8	50Sn スズ 118.7	51Sb アンチモン 121.8	52Te テルル 127.6	53I ヨウ素 126.9	54Xe キセノン 131.3
78Pt 白金 195.1	79Au 金 197.0	80Hg 水銀 200.6	81Tl タリウム 204.4	82Pb 鉛 207.2	83Bi ビスマス 209.0	84Po ポロニウム (210)	85At アスタチン (210)	86Rn ラドン (222)
110Ds ダームスタチウム (281)	111Rg レントゲニウム (280)	112Cn コペルニシウム (285)	113Nh ニホニウム (284)	114Fl フレロビウム (289)	115Mc モスコビウム (288)	116Lv リバモリウム (293)	117Ts テネシン (294)	118Og オガネソン (294)
63Eu ユウロピウム 152.0	64Gd ガドリニウム 157.3	65Tb テルビウム 158.9	66Dy ジスプロシウム 162.5	67Ho ホルミウム 164.9	68Er エルビウム 167.3	69Tm ツリウム 168.9	70Yb イッテルビウム 173.0	71Lu ルテチウム 175.0
95Am アメリシウム (243)	96Cm キュリウム (247)	97Bk バークリウム (247)	98Cf カリホルニウム (252)	99Es アインスタイニウム (252)	100Fm フェルミウム (257)	101Md メンデレビウム (258)	102No ノーベリウム (259)	103Lr ローレンシウム (262)

6C
炭素
12.01

原子番号 — 6
元素記号 — C
元素名 — 炭素
原子量 — 12.01

周期＼族	1	2	3	4	5	6	7	8	9
1	1H 水素 1.008								
2	3Li リチウム 6.968	4Be ベリリウム 9.012							
3	11Na ナトリウム 22.99	12Mg マグネシウム 24.31							
4	19K カリウム 39.10	20Ca カルシウム 40.08	21Sc スカンジウム 44.96	22Ti チタン 47.87	23V バナジウム 50.94	24Cr クロム 52.00	25Mn マンガン 54.94	26Fe 鉄 55.85	27Co コバルト 58.93
5	37Rb ルビジウム 85.47	38Sr ストロンチウム 87.62	39Y イットリウム 88.91	40Zr ジルコニウム 91.22	41Nb ニオブ 92.91	42Mo モリブデン 95.95	43Tc テクネチウム (99)	44Ru ルテニウム 101.1	45Rh ロジウム 102.9
6	55Cs セシウム 132.9	56Ba バリウム 137.3	57~71 ランタノイド	72Hf ハフニウム 178.5	73Ta タンタル 180.9	74W タングステン 183.8	75Re レニウム 186.2	76Os オスミウム 190.2	77Ir イリジウム 192.2
7	87Fr フランシウム (223)	88Ra ラジウム (226)	89~103 アクチノイド	104Rf ラザホージウム (267)	105Db ドブニウム (268)	106Sg シーボーギウム (271)	107Bh ボーリウム (272)	108Hs ハッシウム (277)	109Mt マイトネリウム (276)
			57~71 ランタノイド	57La ランタン 138.9	58Ce セリウム 140.1	59Pr プラセオジム 140.9	60Nd ネオジム 144.2	61Pm プロメチウム (145)	62Sm サマリウム 150.4
			89~103 アクチノイド	89Ac アクチニウム (227)	90Th トリウム 232.0	91Pa プロトアクチニウム 231.0	92U ウラン 238.0	93Np ネプツニウム (237)	94Pu プルトニウム (239)

表0－1　元素の周期表

類あります。日本人が発見して話題になった「ニホニウム」は113番目の元素です。

最初の元素の誕生は、約138億年前の宇宙開闢にまでさかのぼります。このとき、何もない無の世界から、突如、空間が膨らみだしたと考えられています。10^{-44}秒後に「インフレーション」と呼ばれる膨張現象が起き、10^{-33}秒後に「ビッグバン」という大爆発が起こって宇宙は10の30乗倍に膨らみ、空間ができ、時間が生まれました。そして最初の元素である水素の原子核と、続いて2番目の元素としてヘリウムの原子核ができました。これらはインスタントラーメンのように3分間でできた、というのが最近の宇宙物理学の学説です。

水素とヘリウムの原子核がどのようにしてできたのかというシナリオはまだわかっていませんが、その比は12：1になりました。この比が、現在に至るまでこの世界を支えてきた、重要なポイントです。この比でなければ、その後の多くの元素が合成されないのです。

それから37万年後には、超高温のためにわけのわからないカオス状態だった宇宙は冷えて落ち着き、光はまっすぐに進めるようになりました。「宇宙の晴れ上がり」です。このときに、すでに存在していたクォークやニュートリノなどの素粒子たちの中で、電子と原子核とが結びつき、多くの原子がつくられるようになりました。

旧約聖書では、神が無から人をつくるまでに7日かかったとされていますが、物理学によれば、宇宙のはじまりこそ一瞬だったものの、そのあと万物のもととなる元素ができあがるまでには37万年もかかったというわけです。もっとも、それとて宇宙の歴史から見ればごくわずかな時間にすぎないのですが。

石は何でできているのか？　②キーパーソンは「ケイ素」

最初の元素である水素やヘリウムはやがて、宇宙空間のところどころに集まって、塊をつくっていきました。塊は少しずつ大きくなり、ついには自分の力で輝きはじめます。星の誕生です。この場合の「星」とは、惑星ではなく恒星のことです。恒星ができたのは宇宙の開闢から1億年後のことと考えられています。

恒星の中では温度や圧力がきわめて高くなり、そのために二つの水素がくっついて、ヘリウムへと変わっていきます。このような反応を「核融合反応」といいます。このときに放出されるエネルギーによって、星は明るく輝くのです。

核融合反応はそのあとも続きます。ヘリウムが二つ集まるとベリリウムができ、ヘリウムが三つ集まると炭素ができ……という具合で、どんどん重い元素がつくられていきます。一種の錬金術のようなものです。ちなみに、みなさんがあまりお好きでないかもしれない元素の周期表（表0-1）を見ると、原子番号1番が水素（H）、2番がヘリウム（He）で、ベリリウム（Be）は4番、炭素（C）は6番です。以下も、8番の酸素（O）、10番のネオン（Ne）、12番のマグネシウム（Mg）、14番のケイ素（Si）……と、核融合反応では原子番号が偶数の元素が次々とつくられていくのです。

しかし、核融合反応によってできるのは、原子番号26番の鉄（Fe）までです。核融合による温度や圧力では、そこまでが限界なのです。鉄よりも重い元素は、恒星がその一生の最期に超新星爆発を起こしたときにできます。このときの温度や圧力は、核融合によるそれより途方もなく高温で、高圧です。これによって鉄よりも重い元素が、原子番号92番のウラン（U）まで合成されるのです。

これらの元素のほとんどは、超新星爆発によって宇宙空間に飛び散ります。それらが集まって、やがて第二世代の恒星ができあがります。そして第二世代の恒星も同じような過程を経て、再び超新星爆発を起こし、宇宙に飛び散った元素から第三世代の恒星ができます。私たちが住む太陽系は、この第三世代の恒星と考えられています。

太陽ができるのと時を同じくして、その周囲を回る惑星もできました。地球もそうした惑星の一つです。だから地球には、92番（ウラン）までの元素はすべてそろっています。そして地球上のあらゆる物質が、これらの元素からつくられていくのです。

私たち生物の体も、もちろん元素からできています。細かいものまであげればすべての元素が含まれていますが、主に必要となるのは、水素、炭素、窒素（N）、酸素、リン（P）、硫黄

（S）、などです。これらの元素記号の頭文字を並べるとSPHONC（スフォンク）あるいはPHONCS（フォンクス）などという言葉ができます。どちらも英単語にはないようですが、覚えるには便利かもしれません。

なかでも、生物の基本的な骨格をつくっている元素が、最初にできた原子番号1番の水素と、6番の炭素です。これらから、メタンとかエタンとか、タンパク質とかアミノ酸などの「有機物」がつくられるわけです。有機物とは、炭素を含む化合物の総称です。

ここでちょっと、余談になりますが、ここまでの元素のでき方の歴史を見ると、第一世代の恒星の中では、生命をつくるのに必要な材料は、すべてそろっていたことになります。ということは、第一世代の恒星にも、地球のような惑星があって、条件しだいではそこに生命が誕生していても不思議ではないことになります。地球は46億年前にできて、生命が誕生したのはその8億年後でしたが、それよりもはるかに前に誕生していた生命があって、第一世代の恒星の爆発によって滅びた、という可能性もあるのではないでしょうか。

さて、では石は、どのような元素からできているのでしょうか。この問いはすなわち、石をつくっている鉱物（造岩鉱物）はどのような元素からできているのか、ということです。

鉱物をつくる主な元素は、酸素、ナトリウム、マグネシウム、アルミニウム、ケイ素、カリウム、カルシウム、マンガン、鉄、ニッケルなどです。これは原子番号の順番です。微量しかない

	太陽大気	宇宙	地殻	マントル	核	地球全体	大気	海	生物
1	水素	水素	酸素	酸素	鉄	鉄	窒素	水素	酸素
2	ヘリウム	ヘリウム	ケイ素	鉄	ニッケル	酸素	酸素	酸素	炭素
3	酸素	酸素	アルミニウム	ケイ素	コバルト	ケイ素	アルゴン	塩素	水素
4	炭素	炭素	鉄	マグネシウム		マグネシウム	二酸化炭素	ナトリウム	窒素
5	窒素	ネオン	カルシウム	硫黄		ニッケル	ネオン	硫酸塩	カルシウム
6	ケイ素	窒素	ナトリウム	ニッケル		硫黄	ヘリウム	マグネシウム	硫黄
7	マグネシウム	マグネシウム	カリウム	カルシウム		カルシウム	メタン	カルシウム	リン
8	硫黄	ケイ素	マグネシウム	アルミニウム		アルミニウム	クリプトン	カリウム	ナトリウム
9	鉄	鉄	チタン	ナトリウム		ナトリウム	亜酸化窒素	ホウ酸	カリウム
10	カルシウム	硫黄	水素	クロム		クロム	ヘリウム	臭素	塩素

表0－2　元素が占める割合の比較

ものも合わせるとほぼすべての元素が含まれるのは生体と同じですが、炭素は含まれないので、鉱物は生体とは違い、「無機物」です。このうち、造岩鉱物の基本的な骨格を形成しているのが、原子番号8番の酸素と、14番のケイ素（珪素）です。

ケイ素という元素は、みなさんにはあまりなじみがないかもしれません。しかし英語名の「シリコン」(silicon) ならよく耳にされるでしょう。応用としては、主に半導体に使われ、半導体メーカーが多く集まっている米国の「シリコンバレー」もこの元素名に由来しています。

実は、ケイ素は地球にとてもたくさん存在している元素なのです（表0－2）。地球全体に占める割合でいえば、鉄（約35％）、酸素（約30％）に続いて、約15％と3番目に多く、さらに地殻の中での割合では、酸素（47％）に次いで27％と、2番目に多いのです。

太陽系でほかに、ケイ素が存在している惑星としては、水星、金星、火星があります。これらの星にも、地球と似たケイ素を含む石からなる地表はあると考えられます。また、地球の衛星である月にも、採取されたサンプルから、地表にはケイ素などからなる石があることはわかっています。

しかし、太陽系で最もケイ素の占める割合が多い惑星が、地球なのです。さしずめ「シリコンプラネット」というところでしょうか。

ケイ素が多く存在することによってさまざまな造岩鉱物ができ、多種多様な岩石がつくられ、地球は太陽系で特異な「岩石星」という特徴を備えることになりました。「水の惑星」と呼ばれる地球は、実は「石の惑星」でもあり、そのキーパーソンがケイ素という元素なのです。

地球にはなぜケイ素が多いのか？

宇宙空間では水素やヘリウムが圧倒的に多く、全体の99％を占めています。3番目が酸素で、ケイ素は8番目です。しかし地球全体では、酸素が2番目に多く、ケイ素が3番目に多いのです。酸素が多いのはまだわかりますが、ケイ素がこのように地球で多くなったのは、なぜでしょうか？　現在のところ、その理由は次のように考えられています。

さきほど述べたように、元素は恒星の中で核融合反応によって、水素から順番に重たいものができていきました。酸素は原子番号8番、ケイ素は原子番号14番で、どちらも第一世代の恒星での核融合反応でつくられる元素です。

ところで、元素は宇宙空間に、一様に分布しているわけではありません。場所によって、ある元素は濃集しているが別の元素は希薄であるというように、濃淡があるのです。そして太陽系の中の元素にも、濃淡があります。この濃淡は、太陽系が誕生したときにできたものです。

超新星の爆発によって飛び散った物質（ガスや塵）が集まって原始太陽ができたとき、その引力によって、密度の大きい（重い）物質ほど太陽の近くに分布し、密度の小さい（軽い）物質ほど遠くに分布していきました。いわば遠心分離機にかけたように、層をなすようにして分布したのです（図0-2）。そしてこのとき、ケイ素はちょうど、地球の軌道あたりでの分布が最も多くなりました。ほかには酸素、マグネシウム、鉄なども、このあたりに多く分布しました。これらは比較的、重い元素です。一方で、水素やヘリウムなどの軽い元素は、ずっと遠方まで飛ばされていきました。

こうして太陽系に8個の惑星ができました。それらは地球型惑星（水星、金星、地球、火星）、木星型惑星（木星と土星）、巨大氷惑星（天王星と海王星）というタイプに分類できます。地球型惑星は比較的重たい物質からなり、木星型惑星は軽いガス、巨大氷惑星は氷からできているという特徴がありますが、そのもととなったのが、最初の元素の分布なのです。

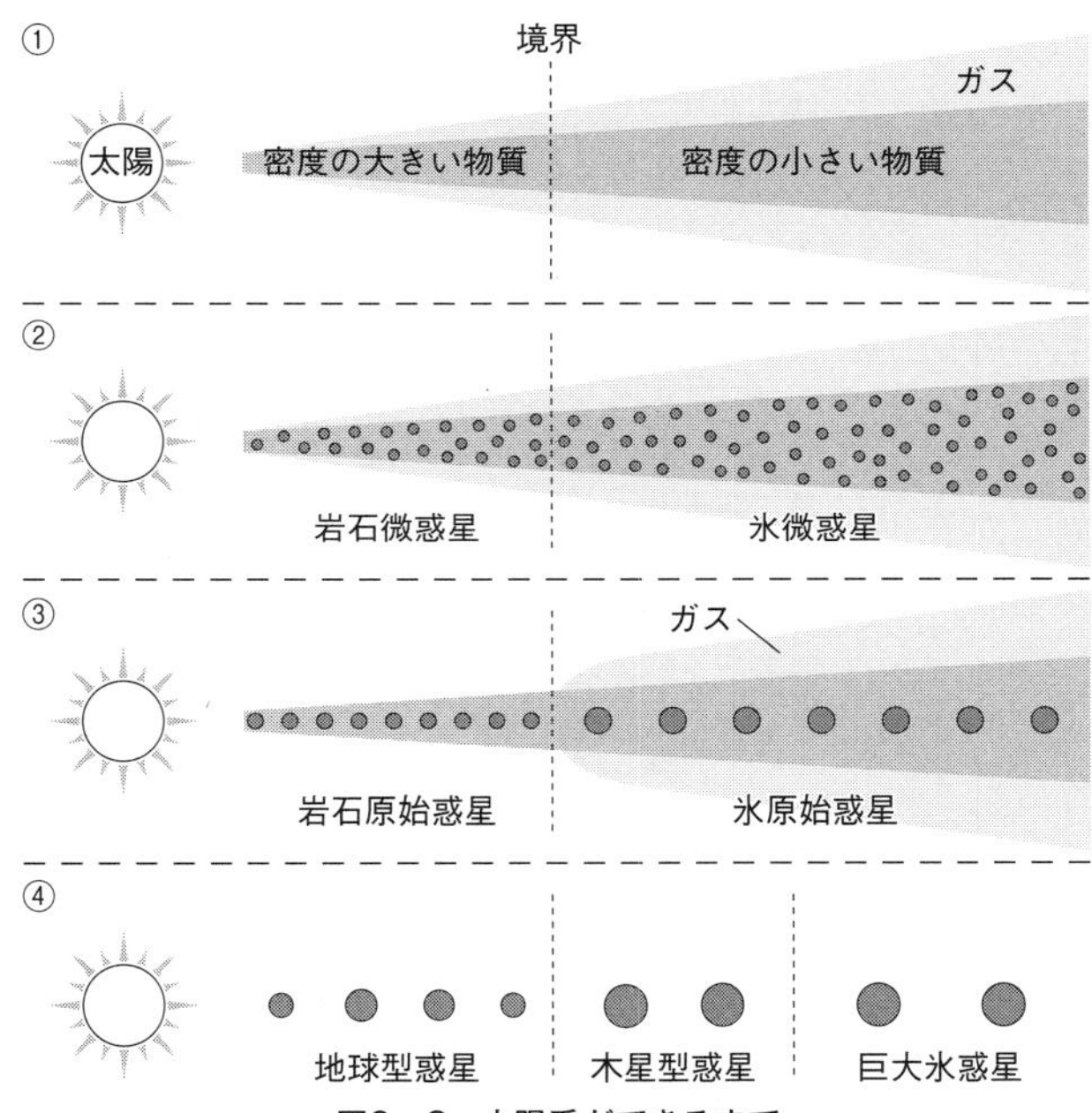

図0－2　太陽系ができるまで

ただし、ケイ素は宇宙空間でももともと酸素と結びついて造岩鉱物となっていて、それが地球に多く集まったのか、それともケイ素と酸素が地球にたくさん集まったから造岩鉱物ができたのか、いわばどちらが鶏でどちらが卵なのかは、いまのところ明確な答えはありません。

いずれにしても酸素とケイ素の結びつきが最も造岩鉱物をつくりやすく、岩石ができやすいのです。地球は太陽系の中で最もそれに適した条件（太陽からの距離）を備えていたことから「石の惑星」となったわけです。

石はなぜ硬いのか？

さきほど、私たち生物の体は基本的に、水素と炭素からつくられていると述べました。一方、石はおもに酸素とケイ素からできています。どちらも同じように元素からできているのに、生物の体はぐにゃぐにゃと軟らかく、石はかちかちに硬いのは、不思議なことのようにも思えます。このような硬軟の違いは、なぜ生じるのでしょうか。

石が硬いのは、石を形づくっている造岩鉱物が、「結晶」という構造をつくっているからです。結晶とは、いくつかの元素が幾何学的に結びついてつくられる物質のことで、鉱物は結晶がいくつも規則的につながって構成されています。この構造が、鉱物に「硬さ」をもたらしているのです。小さな分子たちがムラなくぎゅっと集まっていれば全体として硬くなることは、なんとなく想像できるかと思います。言い換えれば、このような結晶という構造をもっていることが、「鉱物」の定義の一つとなっています。

ところで、鉱物にいろいろな種類があるように、結晶にも、くわしくは触れませんが立方体やら直方体やら、いろいろな形があります。しかし、結晶にはさらに、それを構成する基本単位のようなものがあって、その結びつき方の違いで、結晶はさまざまな形になるのです。

石をつくる造岩鉱物の場合は、結晶をつくる基本単位は、四つの正三角形からなる正四面体の形をしています（図0－3）。酸素とケイ素が、このような形で結びついているのです。4つの頂点にそれぞれ酸素が位置していて、正四面体の重心にケイ素があります。この構造が、酸素とケイ素が結びつくときに最もできやすかったのです。

この正四面体という形は、圧力に対して非常に強いことでも知られています。たとえば正四面体の頂点にダイヤモンドを置き、重心には別のある物質を置いて圧力をかけると、途方もない高圧にも耐えることができます。テトラヘドラル・アンビルと呼ばれる機器は、正四面体のこのような性質を利用して地球内部の高圧を再現するものです。

このように酸素とケイ素が結びついた正四面体からなる結晶をもつ鉱物を「ケイ酸塩鉱物」といいます。要するに、造岩鉱物は基本的にはケイ酸塩鉱物なのです（この言葉はあとで自然に頭に入ってくるはずですので、いまは忘れていただいてかまいません）。

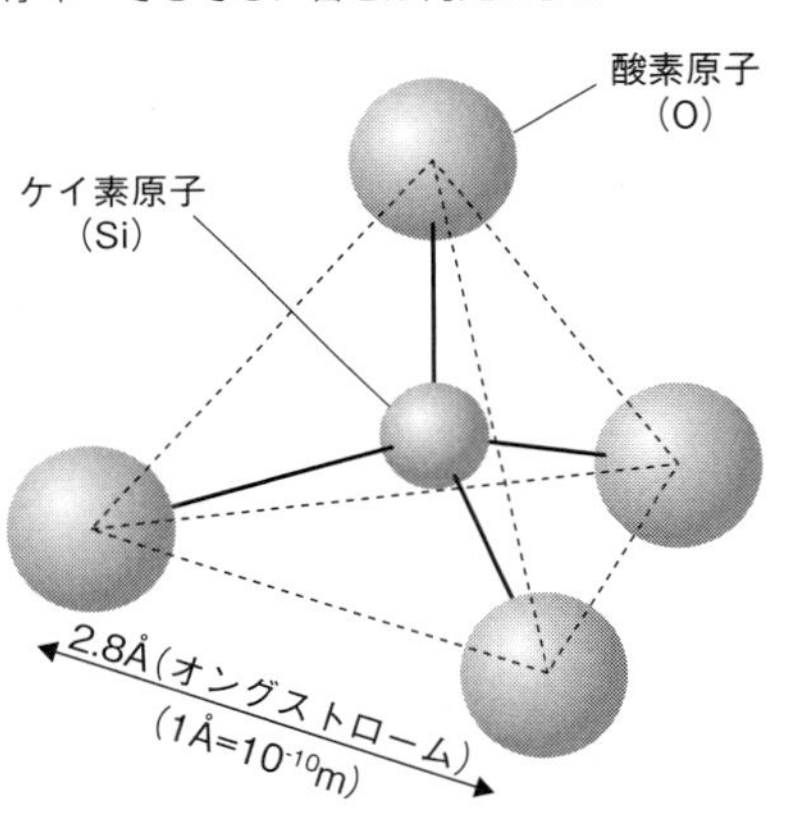

図0－3　造岩鉱物の結晶をつくる基本単位

石は雄弁で、よく動く

石にまつわる諺（ことわざ）や慣用句は、非常にたくさんあります。みなさんも、いくつも挙げることができるのではないかと思います。

たとえば「石のように黙る」という表現があります。石は「沈黙」や「口が堅い」ことをイメージさせることから使われる言い回しです。しかし、本当に石は黙っているかといえば、そうでもないようです。それどころか、石は意外に雄弁で、おしゃべりなのです。

ひとつの石は、実に多くのことを語ってくれます。そこに含まれている鉱物を調べることで、その石がいつ、どのような場所で、どのようなでき方をして、その後、どのような歴史を歩んできたのかまでがわかってしまいます。さらに、それらの石がもっているさまざまな情報と、その石の年代とを照合していくことで、地球の歴史がわかります。逆に、地球の履歴は、石からしかわかりません。石は雄弁家として名高いローマ時代のマルクス・トゥッリウス・キケロのように、非常に饒舌な語り部なのです。

それから、「石の上にも三年」とか「石橋をたたいて渡る」という言葉もあります。これらからは、石がじっとしていて動かない、堅牢ではあるが何とも鈍重なものという印象を与えます。しかし、石も長い時間をかければ動くのです。それも、地球を縦横無尽に、何ともダイナミックに動きます。そして、動きながら石自身も変化していきます。こうした石の変化の歴史が、すなわち地球の進化史となっているのです。道端の石ころ一つでさえも、それがどのような歴史をたどって私たちの目の前に現れたのかを考えると、あだやおろそかにはできません。

本書では、みなさんが抱いている石についてのこのような先入観を覆していく話をたくさんしていくつもりです。

三つの石で地球がわかる

さて、ずいぶん前置きが長くなってしまいましたが、ここでいよいよ、本書の主役となってもらう「三つの石」をご紹介しましょう。

その三つの石とは、「橄欖岩（かんらんがん）」、「玄武岩（げんぶがん）」、「花崗岩（かこうがん）」です。「石」といいながら「岩」がつく名前ですが、そこは気にしないお約束でしたね。ブルーバックスの読者のみなさんなら、これらの名前を初めて見たという方は少ないのではないかと思います。なお橄欖岩は、「かんらん岩」と表記されるのが一般的ですが、日本語の本なのですし、私の好みからも、漢字で書かせていただきたいと思います。文字の右半分の「つくり」を見れば、読むのは難しくないはずです。

では、なぜ「はじめに」で私は、この三つの石を覚えれば石のことがわかり、地球の進化のことがわかると大風呂敷を広げるようなことを述べたのかを説明しましょう。

まず、橄欖岩、玄武岩、花崗岩は地球上に最もたくさんある、つまり最もありふれた石です。地球の全体積に、これら三つの石の体積が占める割合は、橄欖岩が82・3％、玄武岩が1・62％、花崗岩が0・68％です。ほかには、金属が15・4％です。つまり、事実上、地球はほとんどこれだけでできているのです。

このうち、橄欖岩は地中の奥深くでマントルをつくっています。玄武岩は海洋の地殻をつくっています。花崗岩は大陸の地殻をつくっています。そして金属とは、地球の中心の「核」をつくっている鉄です。この鉄は宇宙からの隕石に由来するので「隕鉄（いんてつ）」と呼ばれています。

地球の構造とは要するに、鉄の球（核）の周りを橄欖岩が取り囲み（マントル）、その周囲に玄武岩（海洋地殻）と花崗岩（大陸地殻）が薄く張りついているだけにすぎない、ともいえるのです。このような層に分かれたのは、太陽系における元素の分布と同じで、それぞれの石の密度が違うからです。

これが三つの石で地球がわかる大きな理由ですが、ほかにもあります。

私は三つの石の名前を、橄欖岩、玄武岩、花崗岩という順番で書いています。それは、これはこの順番で地球上にできたからです。しかも、橄欖岩から玄武岩へ、そして玄武岩から花崗岩へと、基本的には一つの「先祖」から枝分かれしていったのです。この、いわば「石の系譜」は、そのまま地球そのものの進化の歴史を物語っています。

たとえば、全地球に占める元素の割合（平均組成）を、隕石、地殻、太陽に占める元素の割合と比較してみても、そのことがわかります。まず、24ページの表0－2を見ると、全地球と太陽は似ても似つかないことが見てとれます。そして表0－3を見ると、全地球と隕石は非常によく似ています。それは地球がもともとは隕石であったことを意味しています。しかし、全地球と地殻は、やや似てはいるものの、違っています。このことは、石の進化によって地殻が生まれたために、地球の成分が変わったことを表しています。

さらに、これはあとで触れますが、海水や大気、生命など、元素の組成で見ればおよそ隕石とは似ていないものが地球に生まれてきました。これらも大きな意味では、石の進化によって生まれたものなのです。

つまり、もともとの隕石に似ていないさまざまなものが石の進化によって出てくる、その過程こそが、地球の歴史にほかならないというわけです。

かなりお待たせしてしまいました。ではいよいよ、三つの石の物語を始めることにしましょう。

	隕石	地球全体
1	酸素	鉄
2	鉄	酸素
3	ケイ素	ケイ素
4	マグネシウム	マグネシウム
5	硫黄	ニッケル
6	ニッケル	硫黄
7	カルシウム	カルシウム
8	アルミニウム	アルミニウム
9	ナトリウム	ナトリウム
10	クロム	クロム

表0－3　地球全体と隕石の組成比較

第1章

マントルをつくる緑の石

―― 橄欖岩のプロフィール

いろいろややこしい名前ですが

まずは、みなさんが三つの石に親しんでいただくことが何より先決ですので、それぞれの石のおもしろい特徴を橄欖岩、玄武岩、花崗岩の順でご紹介していきましょう。科学的な、骨のある話はあとで述べます。

一般的には「かんらん岩」と表記されているところを、あえて漢字で「橄欖岩」と書くことにしたのは序章で述べたとおりです。しかし漢字で書いてみると急に、「橄欖」とは何だろう、と気になってくるから不思議です。実は私もこの原稿を書くにあたって調べてみて初めて知ったのですが、この石のネーミングをめぐっては、いろいろとややこしい問題がつきまとっているのです。そもそも石の名前には、ぱっと見ではイメージが湧きづらい文字面のものが多いのですが、この「橄欖岩」などはその最たる例といえるでしょう。この際、みなさんにはぜひ、正確な知識をもっていただきたいと思います。

橄欖とは、植物のオリーブのことだと私は思っていたのです。橄欖岩は、変質していない新鮮なものは、鮮やかな緑色をしています。肉眼で見ると濃い緑色ですが、岩石を薄く削った薄片にして、偏光顕微鏡で見ると、岩石の中に含まれる鉱物が光を通すので透き通った緑になり、思わず息をのむほど美しく見えます。多くの岩石学者はこれを見たことによって、橄欖岩を研究するようになります。

だから、オリーブの実のような緑色の岩石という意味で、オリーブの中国名である橄欖の名をあてたのだと思っていました。実際、橄欖岩を構成するおもな造岩鉱物を「橄欖石」といい（これもややこしいことですが）、その石の英語名は「olivine」と、オリーブにちなんだものになっています。本書の表紙カバー写真の緑色の石が橄欖岩です。

ところが、実はオリーブと橄欖は、まったく別の植物だったのです。形は少し似てはいるのですが、オリーブはモクセイ科で、橄欖はカンラン科でした。幕末の日本に西洋からオリーブの実が入ってきたときに、その外見から中国の橄欖と思い込んでしまった人が、「オリーブ」の訳語として「橄欖」をあててしまったのだそうです。そして、この石の命名にも、誤訳がそのまま適用されたというわけです。

もうひとつのややこしさは、いま述べたように橄欖岩と橄欖石があることです。これは、橄欖岩が岩石であり、橄欖石とは、橄欖岩をつくるいくつかの造岩鉱物のうち主要なもの、という関係にあります。このことも覚えてしまいましょう。なお、橄欖石の中でも大粒で透明度の高いものが、8月の誕生石とされている宝石「ペリドット」です。

見えないけれど最も多い石

序章でも述べたように、地球全体の体積のうち、橄欖岩が占める割合は、実に82・3％にものぼります。玄武岩と花崗岩は、足しても2・3％にしかなりません。残りはおもに金属すなわち隕鉄で、15・4％です。地球には圧倒的に橄欖岩が多いのです。

しかし、私たちは日常で、橄欖岩を目にすることはほとんどありません。三つの石の中で見ることが最も多いのは花崗岩で、次が玄武岩です。この二つは地殻をつくっているので、地球の表面に露出しているからです。橄欖岩が存在しているのは、地下70㎞から2900㎞までの深さにあるマントルの中です。

ここで、地球の内部構造について、ざっくりと確認しておきましょう。およそ6400㎞の半径をもつ地球を、もし輪切りにして中身を見ることができたら、半熟のゆで卵のようになっていると考えられます（図1－1）。

表層の70㎞くらいまでの、卵の殻にあたる部分が地殻です。地殻をつくっているのは、海や湖などの水と、岩石です。おもには玄武岩（海洋地殻）と花崗岩（大陸地殻）ですね。

その下の、70㎞から2900㎞くらいまでが橄欖岩からなるマントルで、これは半熟卵でいえば白身の部分にあたります。マントルは固体ですが、液体のような性質ももっている、というと

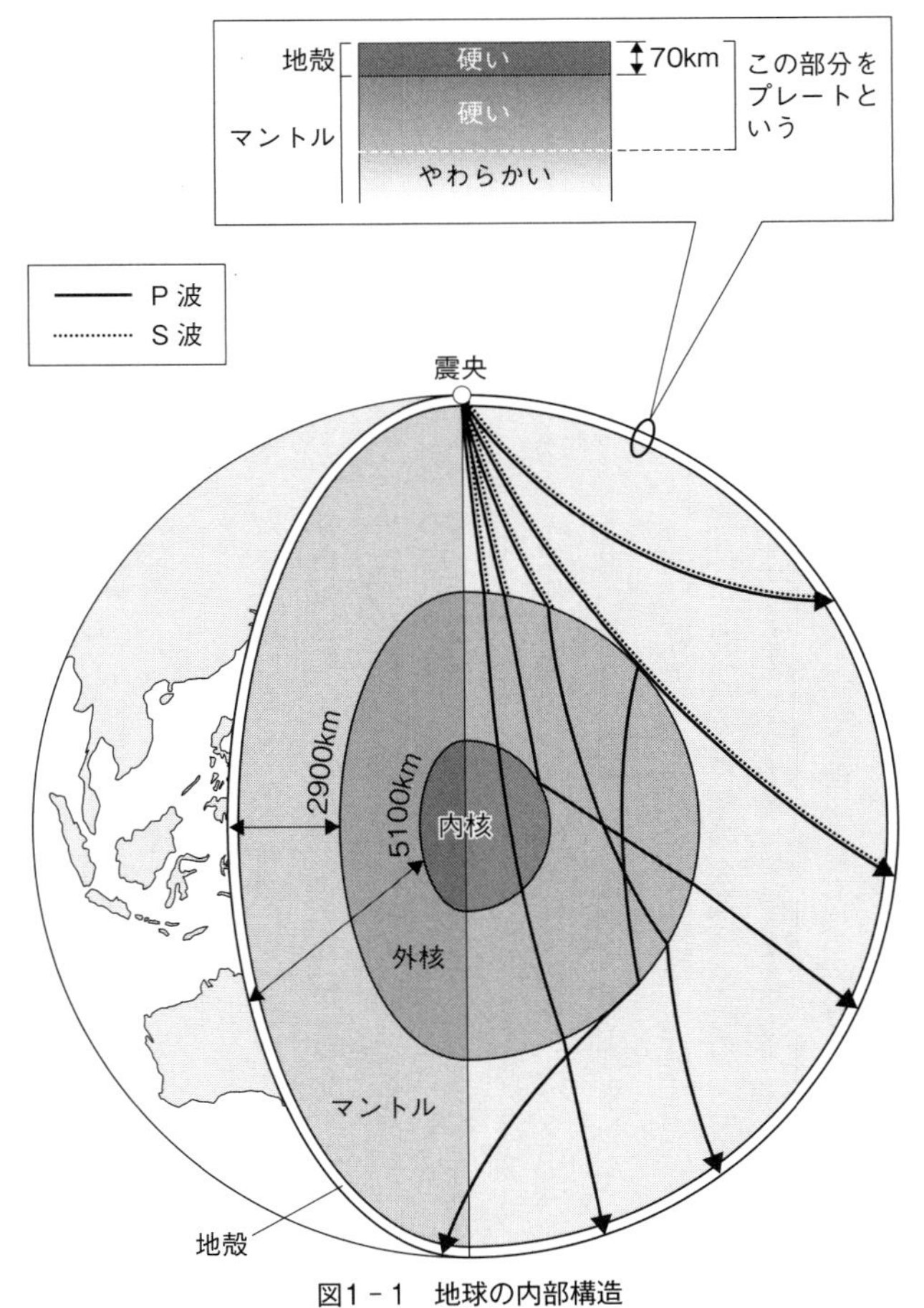

図1－1　地球の内部構造
地震波の伝播のしかたから推定されている内部構造

ころが半熟の白身に似ています。

岩石でできているのはマントルまでで、それよりも内側から中心にかけては、核があります。卵の黄身にあたる部分です。核は金属（おもに鉄）でできていて、外核は流体、内核は固体です。

どうしてこんなことが見てきたようにわかるのでしょうか。地球に直接、穴を掘るのはなかなか大変です。いまのところ、人類が地球に掘った最も深い穴は、ロシアのコラ半島で核廃棄物を捨てるために掘られたものです。その深さは、約13㎞。地殻の厚さの5分の1にも届きません。答えは、地震のときに震央からの地震波（P波とS波）を調べると、波が進む速度が地球の内部構造の違いによって変わってくるからです。

マントルはこのように地中深くにありますので、橄欖岩を地上で見られるチャンスなど、ほとんどないことがわかります（しかし、後述するように皆無ではありません）。核にいたっては、地球に壊滅的な何かが起きないかぎり、地上で見ることは絶対にできないでしょう。しかし、知らぬは地上の私たちだけで、実際にはこれらが地球の大部分を占めているのです。

もしSFのような地底探検が可能になり、マントルを直接見ることができたら、と想像することがあります。マントルは「マグマのもと」であるとご存じの方なら、赤い色をイメージされるかもしれません。しかし、マントルをつくっているのは緑の橄欖岩です。地球の地下深くは、美しい宝石のような緑色の石がびっしりと詰まった世界なのかもしれません。いつか掘削技術が飛躍的に発達して、そんな光景を目の当たりにする日を夢見ています。

地上でも見られる橄欖岩

しかし、実は地上でも、橄欖岩を見ることができます。マントルをつくっている石が、地表に露出している場所があるのです。ただし正確にいえば、それらのほとんどは、橄欖岩とは呼ばれず、違う名前の石になっています。橄欖岩は非常に不安定な石で、すぐに変質してしまいます。地表に上がってくる過程で、水に触れると反応して性質が変化し、石としては別の名前を与えられるのです。

その石のことを、「蛇紋岩（じゃもんがん）」といいます。表面に蛇がうねっているような模様が見られるところから、その名前がつけられました（図1－2）。新鮮な橄欖岩の透明感のある緑と比べると、蛇紋岩は黒ずんだ濃緑色をしています。また、橄欖岩と比べてもろく、風化しやすくなっています。

橄欖岩が蛇紋岩となる変化は、大ざっぱにいえば次のような化学反応です。

橄欖岩は、序章で述べた鉱物の基本要素である酸素とケイ素のほかに、鉄とマグネシウムからできています。この石が水と反応することによって、蛇紋岩と磁鉄鉱（鉄が酸化したもの）と水

図1－2　蛇紋岩の表面
建築物の壁面に利用されているもの

素ができるのです。いちおう、化学式も書いておきます。

$$6[(Mg_{1.5}Fe_{0.5})SiO_4]\text{（橄欖岩）} + 7H_2O\text{（水）}$$
$$= 3[Mg_3Si_2O_5(OH)_4]\text{（蛇紋石）}$$
$$+ Fe_3O_4\text{（磁鉄鉱）} + H_2\text{（水素）}$$

大ざっぱにいえば、橄欖岩に水が入って、鉄と水素が出ていくと蛇紋岩ができるわけです。この結果、橄欖岩よりも蛇紋岩のほうが、マグネシウムの占める割合が大きくなります。

このように、もとの石の成分が少し変わることで名前が変わるということがよくあります。だから石の名前は多くなるのです。

地表に出てきた蛇紋岩は、人間によってさまざまに利用されてもいます。たとえば、これはあまりいい例ではありませんが、建築物の断熱材や保温材などに使われ、深刻な健康被害を起こすことが問題となった「アスベスト」（「石綿」とも呼ばれます）は、蛇紋岩の組織が繊維状に変形した鉱物です。

また、蛇紋岩質の土壌の田んぼはマグネシウムが多いため甘みのあるおいしいお米がつくれるといわれていて、兵庫県養父（やぶ）市の一部地域では特産品になっています。ずいぶん前に、鳥取県から兵庫県の出石（いずし）へ行くために車で国道９号線を走っていたら、道路の脇に「蛇紋岩米」と書かれたけったいな看板を見つけて、なんだろうと気になっていました。後日、その話を山陰地方出身の人にしたら、なんと蛇紋岩米を送ってくれました。さっそく炊いてみて、そのうまいことに驚きました。

最近では、蛇紋岩の色と模様が「癒し系」であると評価されて、トイレの壁紙や敷石などによく用いられるようになりました。

橄欖岩はなぜ地表に上がれるのか

それにしても、地下深くのマントルをつくっている石が、なぜ地表に上がってくることができるのでしょうか。橄欖岩は密度が大きく、深部にあるのが最も安定した状態であるにもかかわらず、地下70㎞もある地殻の下から上がってくるのです。しかし、橄欖岩が上昇しているところを実際に見た人は誰もいません。この疑問は、橄欖岩の大きな謎ともいえます。

ここで、橄欖岩に関係の深いダイヤモンドの例を見てみましょう。ダイヤモンドは炭素だけでできていることは多くの方がご存じでしょう。しかし、自然界で最も硬い物質といわれる硬度を生みだすためには、高い温度と圧力が必要です。それをもたらす場所が、地下です。ダイヤモンドが生まれる場所は深さ約200km、つまり橄欖岩でできたマントルがある、地球が約46億年前に誕生してからまもないころの地層で、そこは温度900~1300℃、圧力は4・5~6GPa（ギガパスカル）という世界です。マントルの中には炭素も存在していて、炭素原子がこれほどの高温高圧によってぎゅうぎゅうに詰まって結晶となることで、とてつもなく硬いダイヤモンドとなるのです。

しかし、「高温」「高圧」という条件だけでは、私たちが地上でダイヤモンドの輝きを目にすることはできません。地表に上昇していく過程で温度も圧力も下がっていくとダイヤモンドは変質して、同じ炭素だけからなる「石墨」になってしまうのです。鉛筆の芯に使われる、色も硬さもダイヤとは似ても似つかない鉱物です。ここに、ダイヤモンドのミステリーがあります。

なぜダイヤモンドは石墨にならずに地上に出てくることができるのか。そこには「高温」「高圧」のほかにもう一つ、「高速」という条件があるのです。つまり、石墨に変化してしまう時間を与えないほどの猛スピードで、地球ができたばかりの地層から一気に上昇してくるのです（図1-3）。その速度たるや、場合によっては音速（秒速約340・61m）の2倍にも達すると

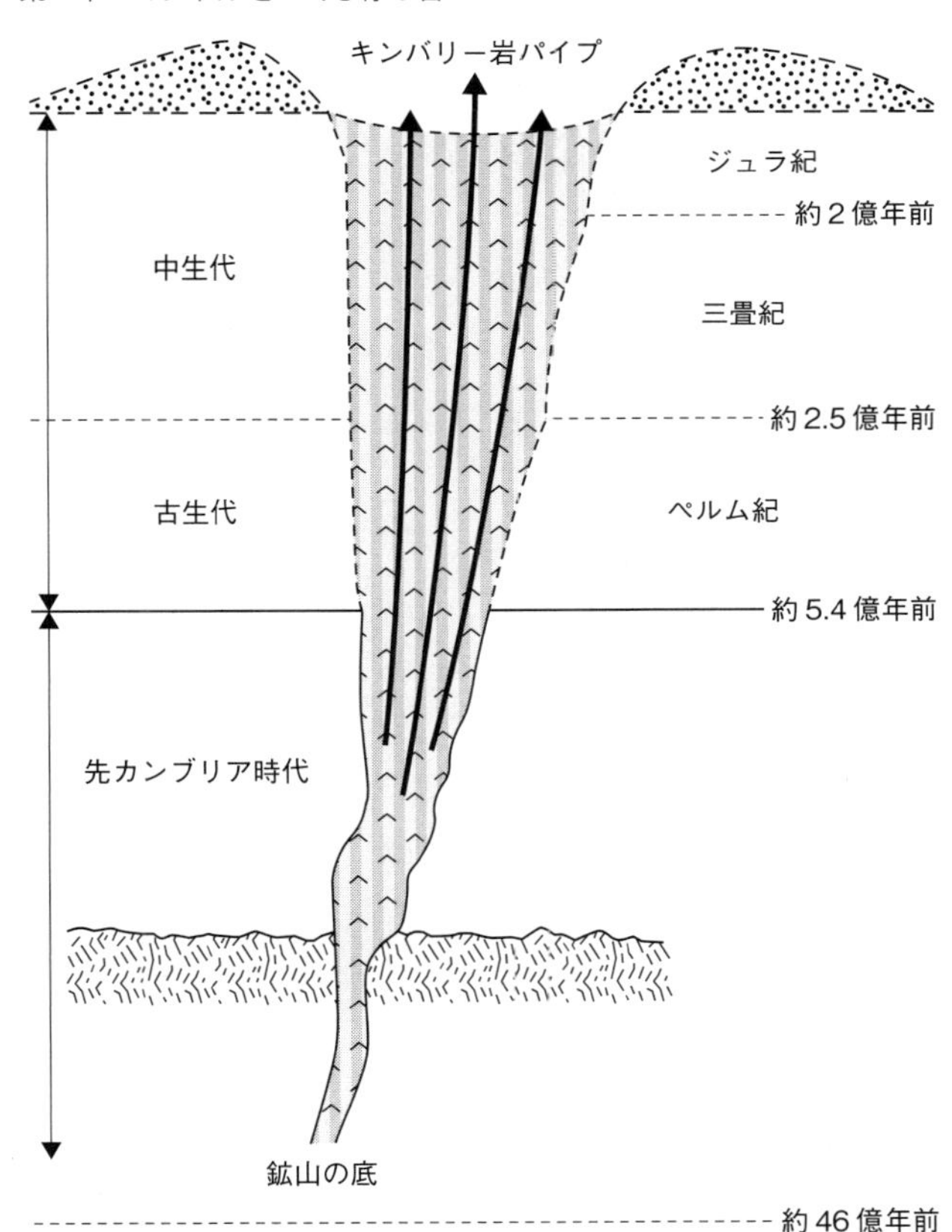

図1－3　キンバーライト
ダイヤモンドを含むマグマが、地球誕生後まもないころの地層から猛スピードで上昇してくる

いう凄まじさです。

そして、このとき上がってくるのはダイヤモンド単体ではなく、ダイヤモンドを内包するマントルの一部が溶けてできた、橄欖岩を含むマグマです。このような岩石のことを「キンバーライト」と呼んでいます。この名前は世界屈指のダイヤモンドの採掘地である南アフリカ共和国のキンバリーにちなんでいます。

このように、地下深くのマントルをつくっている橄欖岩も、超高速で上昇してくることがあるのです。橄欖岩がなぜ地上に出てくるのかという問いに対しては、これで答えの半分くらいになっているでしょうか。あとは、なぜこのような超高速が可能になるかです。

地下200㎞という深さでは、橄欖岩を含むマグマは水を含むことで安定する性質があります。水は揮発性成分であり、圧力の急激な低下などがあると、勢いよく噴出します。これが上昇の原動力と考えられます。では、圧力の低下はどこからもたらされるのでしょうか。可能性として考えられるのは、断層です。地表から地下の奥深くまでに達するような大きな裂け目ができると、そこで部分的に圧力の低下が生じ、マグマがものすごい速さで上昇してくるのだろう、というのが、いま考えられている仮説の一つです。

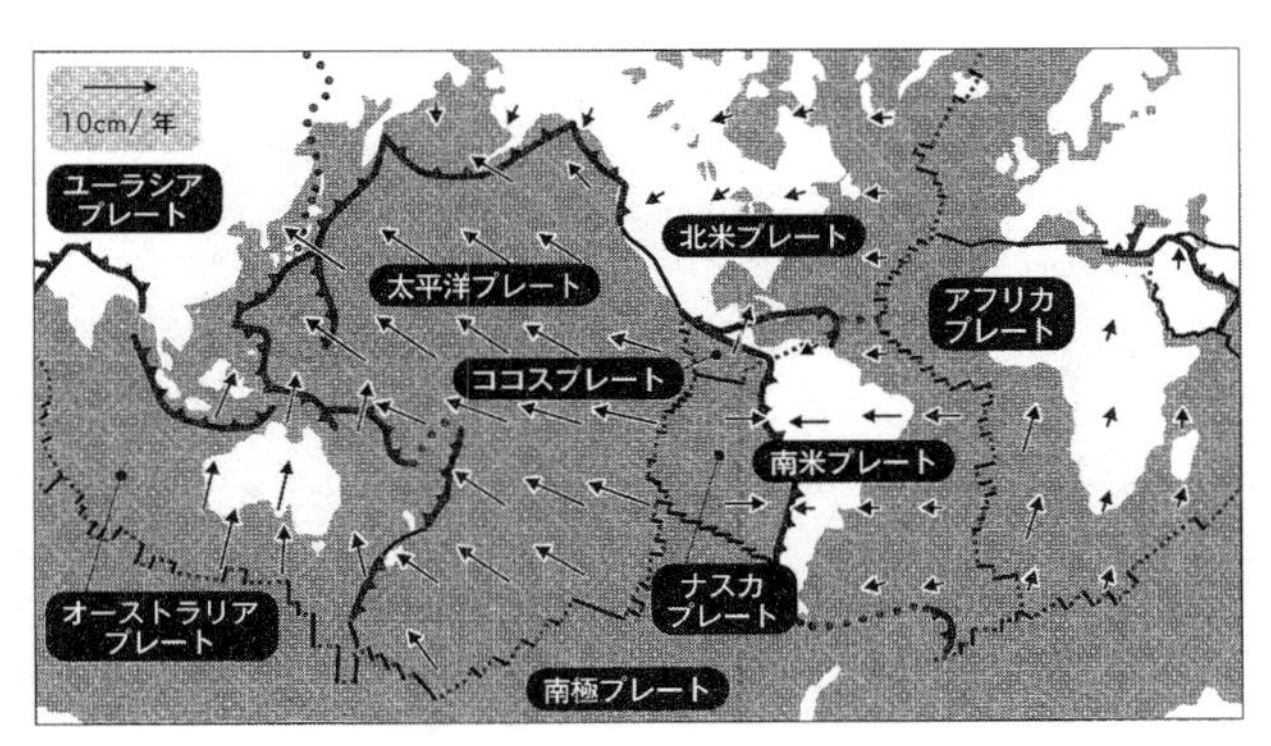

図1－4　世界はプレートで覆われている

新鮮な橄欖岩が見られる場所

残念ながら日本では、ダイヤモンドは原理的に産出しないと考えられています。日本列島の地殻は比較的新しくできたので、ダイヤモンドができるほど深いところにダイヤモンドをつくる炭素が集まらないためです。ただし、2007年には愛媛県の山中で採掘した橄欖岩から、微量ながら日本最初のダイヤモンドが見つかったという驚くべきニュースがありました。これは、地下100km以上の深さにあったものが、なんらかの理由で地表近くまで押し上げられたことを意味していて、非常に興味深い発見です。

しかし、橄欖岩なら日本にも、新鮮な美しいままのものを見られる場所があるのです。

北海道の中央南部をほぼ南北に縦断している日

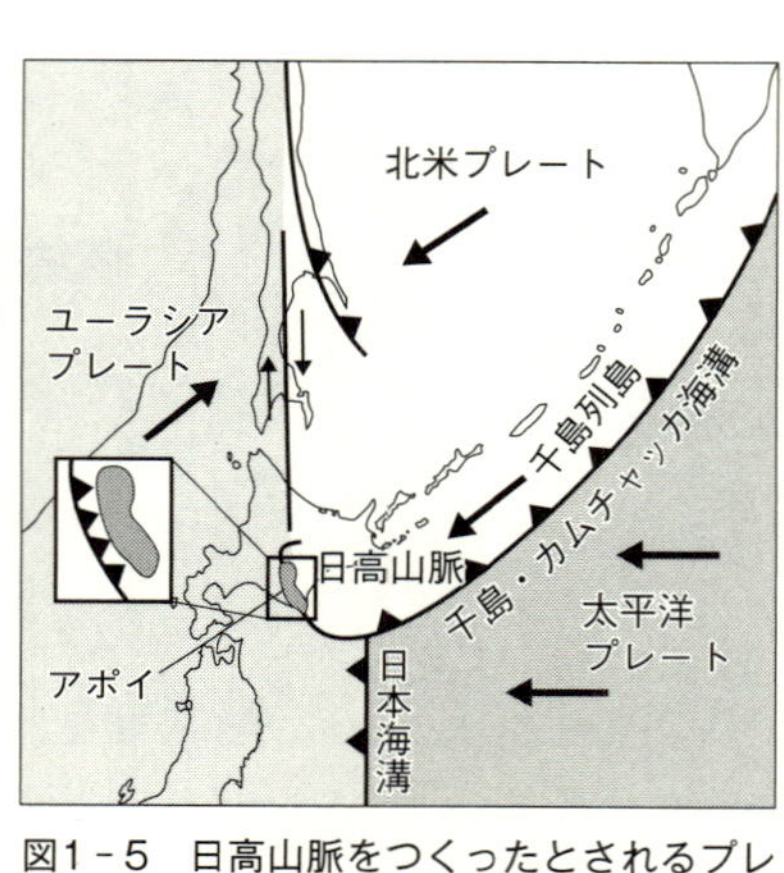

図1－5　日高山脈をつくったとされるプレートの衝突

高山脈の南端であり、北海道の最南端にも近い襟裳（えりも）岬の少し北西に、幌満（ほろまん）という地域があります。以前は日高本線の終点、様似（さまに）駅から近かったのですが、いまは廃駅となってしまったのは残念です。この幌満に、アポイ岳という標高810mの小さな山があります。「アポイ」とはアイヌ語では「アペ・オ・イ」で、「火のあるところ」という意味だそうです。しかし、実際にはこの山は、火山由来の岩ではなく、ほぼすべてが橄欖岩でできているという珍しい山なのです。

　そのような山ができた理由は、「プレート」の動きにあります。みなさんもご存じのように、地球の表面は十数枚のプレートで覆われています（前ページの図1－4）。プレートとは、厚さ100㎞ほどの岩石の板で、地殻とマントルの上部からできています（図1－1参照）。そして、これらプレートは年間に人間の爪が伸びるほどのスピードで動いていて、衝突したり、離れたり、一方が他方の下に沈み込んだりということを繰り返しているという考え方が「プレートテクトニクス」です。

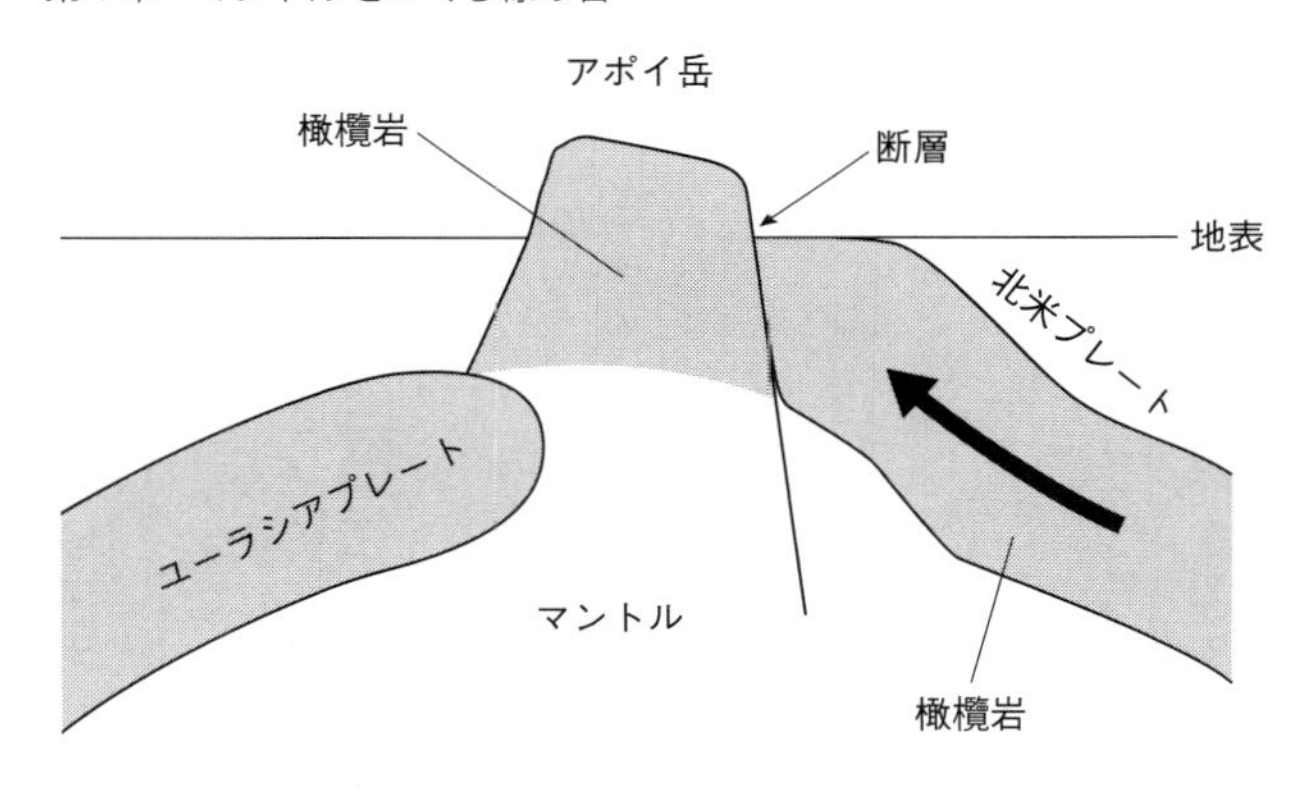

図1－6　プレートに押し上げられたマントル

日本列島は4枚のプレートがひしめく上にありますが、そのうちユーラシアプレートと北米プレートはかつて、ちょうど北海道を縦断する線を境界にして衝突したと考えられています。このとき、東側の北米プレートが、西側のユーラシアプレートの上に乗り上げてできたのが、日高山脈です（図1－5）。そして、その際の激しい衝撃によって、プレートの最低部にあった上部マントルも地表に押し上げられました（図1－6）。こうして橄欖岩でできた山、アポイ岳ができたと考えられています。

アポイ岳の橄欖岩は、ほとんど変質せずに地表に露出しています。橄欖岩は含まれる橄欖石の割合や、その他の含有鉱物の種類によって、橄欖石が90％以上の「ダナイト」や、橄欖石が60％以上の「レルゾライト」「ハルツバージャイト」など、さまざまなタイプに分けられますが、アポイ岳の山道の両側にはそれら緑色の石たちが、目で見ただけで区別できる鮮やかさで露出しています。そのような場所は世界でも珍しく、２０１５年にはアポイ岳はユネスコ世界ジオパークにも認定されて「幌満橄欖岩(Horoman-peridotite)」は世界的に知られるようになっています。

プレートの断面が見える「オフィオライト」

アポイ岳はプレートどうしの衝突によって、プレートの最底部にあるマントル（上部マントル）までが地表に露出したという点で、世界でも稀な例です。そこまではいかずとも、プレートどうしの衝突によって一方のプレートが露出してくれていれば、地上でのプレートの研究が可能になり、学術的に貴重な資料といえます。

プレートは、いくつかの石が層をなしています。深海の堆積物からなる堆積岩や、火成岩である玄武岩（これらの名前はいまは気にしないでください）、そして上部マントルをつくる橄欖岩などです。これらの石の組み合わせと層構造が、そのまま保たれて岩石となり、地表に露出してきたものを「オフィオライト」（図１－７）と呼んでいます。「オフィ」とは蛇のことで、蛇紋岩に似た緑色のまだらな岩石の組み合わせでできていることからついた名前です。当然、そこには橄欖岩も含まれています。この章では橄欖岩のほかには、蛇紋岩とこの石の名前だけ覚えてください。

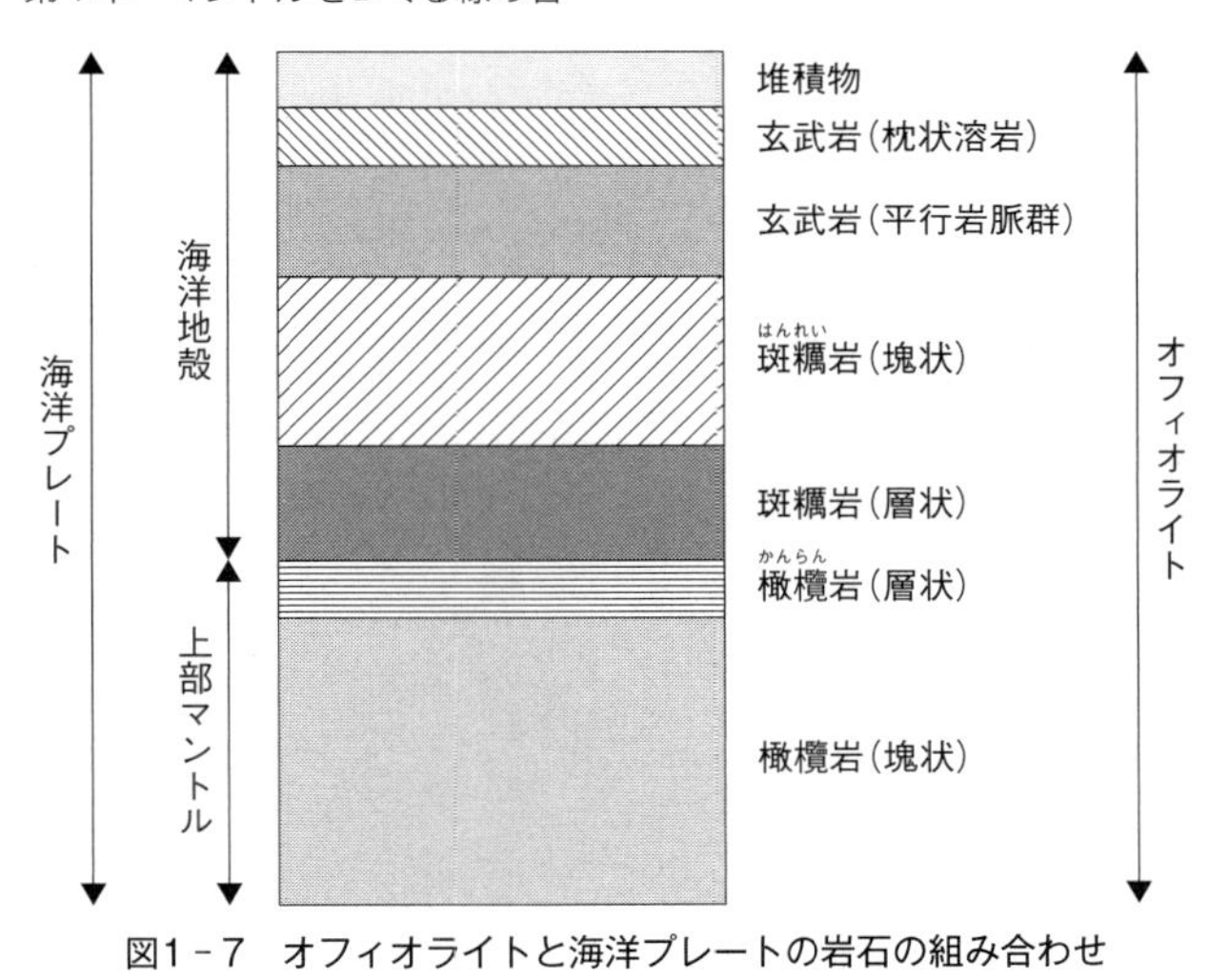

図1－7　オフィオライトと海洋プレートの岩石の組み合わせ

オフィオライトは、ある意味で〝変わり種〟の石です。石の名前は普通、鉱物の組み合わせに対してつけられるものですが、この石の場合は、石の組み合わせに対してつけられているからです。その組み合わせと構造がプレートそのものであることから、地質学者にとってはきわめて重要な研究対象となっています。

オフィオライトは20世紀初頭に、アルプス山脈で初めて発見されました。アルプス山脈も、アフリカ大陸がプレートテクトニクスによってユーラシア大陸に衝突し、さらに押し上げつづけたことによってできたからです。世界最大のオフィオライトは、アラビア半島の東端の王国、オマーンで見ることができます。そこにはなんと、海岸線に沿って約550㎞にもわたってオフィオライトが露出していて、世界中から地質学者がひっきりなしに訪れています。私も見てきましたが、ほぼ垂直の崖に、それぞれの石による縞模様が縦になったり横になったり曲がりくねったりしながら延々と続くさまは実に美しいものでした。しかも、それを見ることは、地下のプレートの断面そのものを見ていることになるのです。

蛇紋岩やオフィオライトが見られる場所

新鮮で純度の高い（橄欖石の割合が大きい）橄欖岩が見られる場所は、日本ではアポイ岳のある幌満（北海道）にほぼ限られます。しかし、蛇紋岩やオフィオライトまで含めた広い意味での橄欖岩ならば、見られる場所はもう少しふえます。それらの多くは、地質学では「構造線」と呼ばれる大きな断層に沿った場所にあります（図1－8）。前述した、橄欖岩が上昇するために必要な「圧力の低下」と関係があるのでしょうか。

まず東日本を北から見ていくと、北海道では前述した日高山脈の北西に並行している幌加内（ほろかない）、幌尻（ぽろしり）などには橄欖岩や蛇紋岩が出ます。その西にある神居古潭（かむいこたん）谷（旭川市）という風光明媚なところには、特徴的に蛇紋岩が分布しています。東北では、北上山地の早池峰（はやちね）構造帯にあって「日本百名山」にも選ばれた早池峰山（岩手県）は、中腹より上が蛇紋岩でできています。百名山といえば尾瀬国立公園にある至仏（しぶつ）山（群馬県）も蛇紋岩の山です。この山は、登山客の増加によって蛇紋岩のもろい山体が侵食されたため、一時は入山禁止になりました。

早池峰山や至仏山には、蛇紋岩の土壌に固有の植物群が繁殖するようになり、植物マニアには人気を博しているようです。とくに早池峰山の「ハヤチネウスユキソウ」と呼ばれる、エーデルワイスと同じ仲間の植物が知られています。独特の植生は、前述のアポイ岳にも見られます。日本の著名な植物学者であった牧野富太郎は、石と植生の関係に精通していました。蛇紋岩地帯には植物に必要な窒素、リン酸、カリなどがほかの土壌に比べて少ないため、特殊な植物しか育たないのだろうと考え、これらの特殊な植物群を「蛇紋岩地植物群」と名づけました。あの蛇紋岩米も、植物が土壌の影響を大きく受けている例といえます。

関東では、千葉県の加茂川に沿って東西に走る嶺岡（みねおか）構造帯にある嶺岡山地も、蛇紋岩の山です。

続いて西日本を見ていくと、京都から福井県、鳥取県にかけて、全長250㎞におよぶ夜久野（やくの）帯というオフィオライトが続いています。また、関東に戻って群馬県藤岡市から、途中のフォッサマグナで中断されて諏訪湖（長野県）の南で再び現れ、紀伊半島から四国、そして九州の佐賀（さがの）関（大分県）まで続く三波川（さんば）変成帯は、日本最大の広域変成岩帯といわれますが、ここにもオフィオライトが出ています。その南に沿って走る御荷鉾（みかぶ）緑色岩帯、さらに黒瀬川帯にもオフィオライトが見られます。これらのオフィオライトは、過去にプレートが一方のプレートに沈み込んで

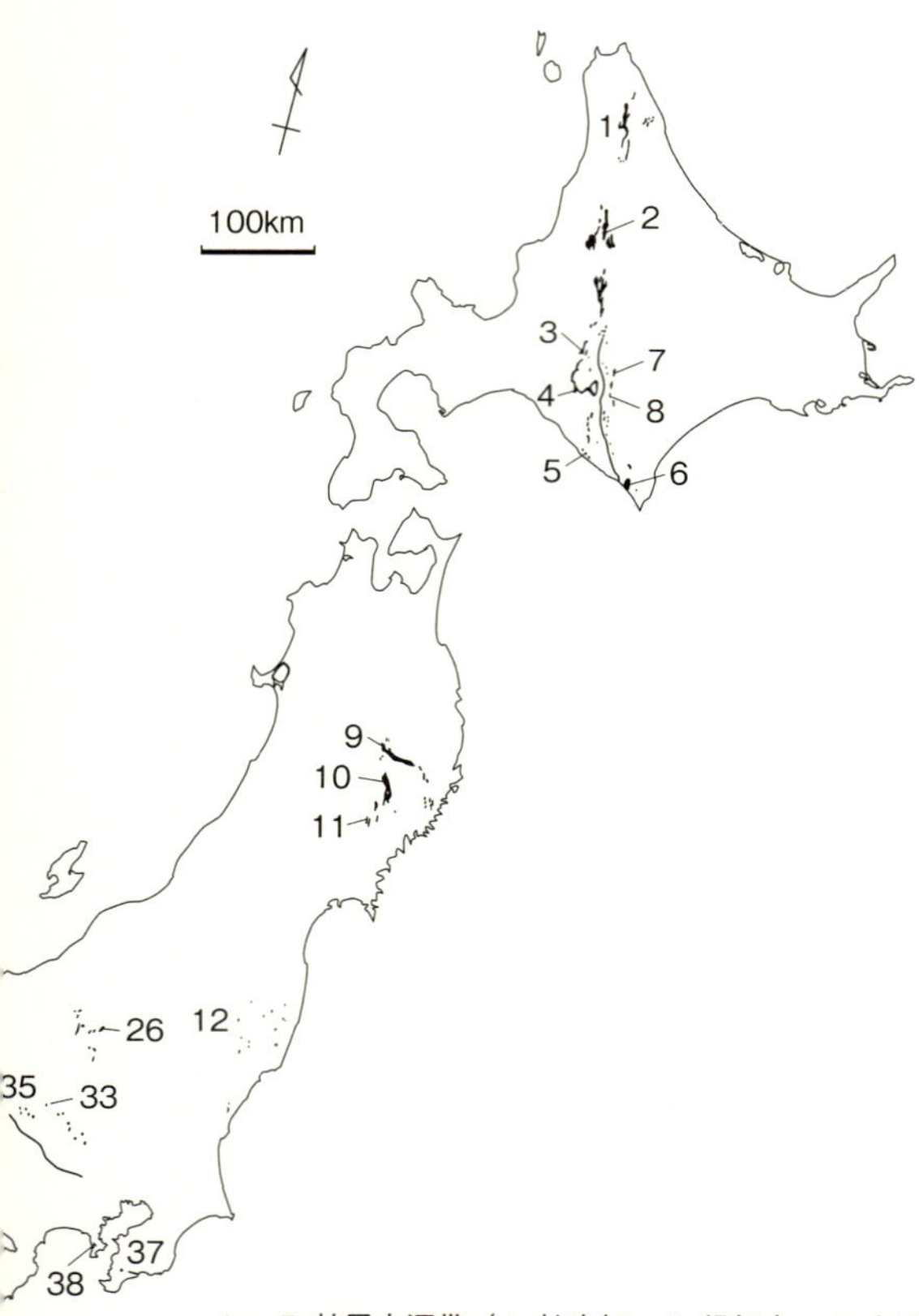

1～5 神居古潭帯（1 敏音知、2 幌加内、3 夕張岳、
4 鵡川・沙流川、5 三石）
6～7 日高帯主帯（6 幌満、7 ウェンザル・パンケヌーシ）
8 日高帯西帯（トッタベツ）
9～11 北上山地（9 早池峰、10 宮守、11 母体）
12 阿武隈山地

13 ～ 21 三郡・山口帯（13 多里・三坂、14 落合・北房、15 関宮、
16 若桜、17 出石、18 大江山、19 宇部、20 篠栗、21 巌木）
22 野母
23 西彼杵
24 大島（半島）
25 八方尾根
26 至仏山
27 ～ 34 三波川帯（27 東赤石山、28 藤原、29 白髪、30 竜門、
31 鳥羽、32 入沢井、33 黒内山、34 浜名湖北方地域）
35 秩父帯（山中地溝帯）
36 黒瀬川帯
37 鶴岡帯
38 三浦半島
39 瀬戸川帯

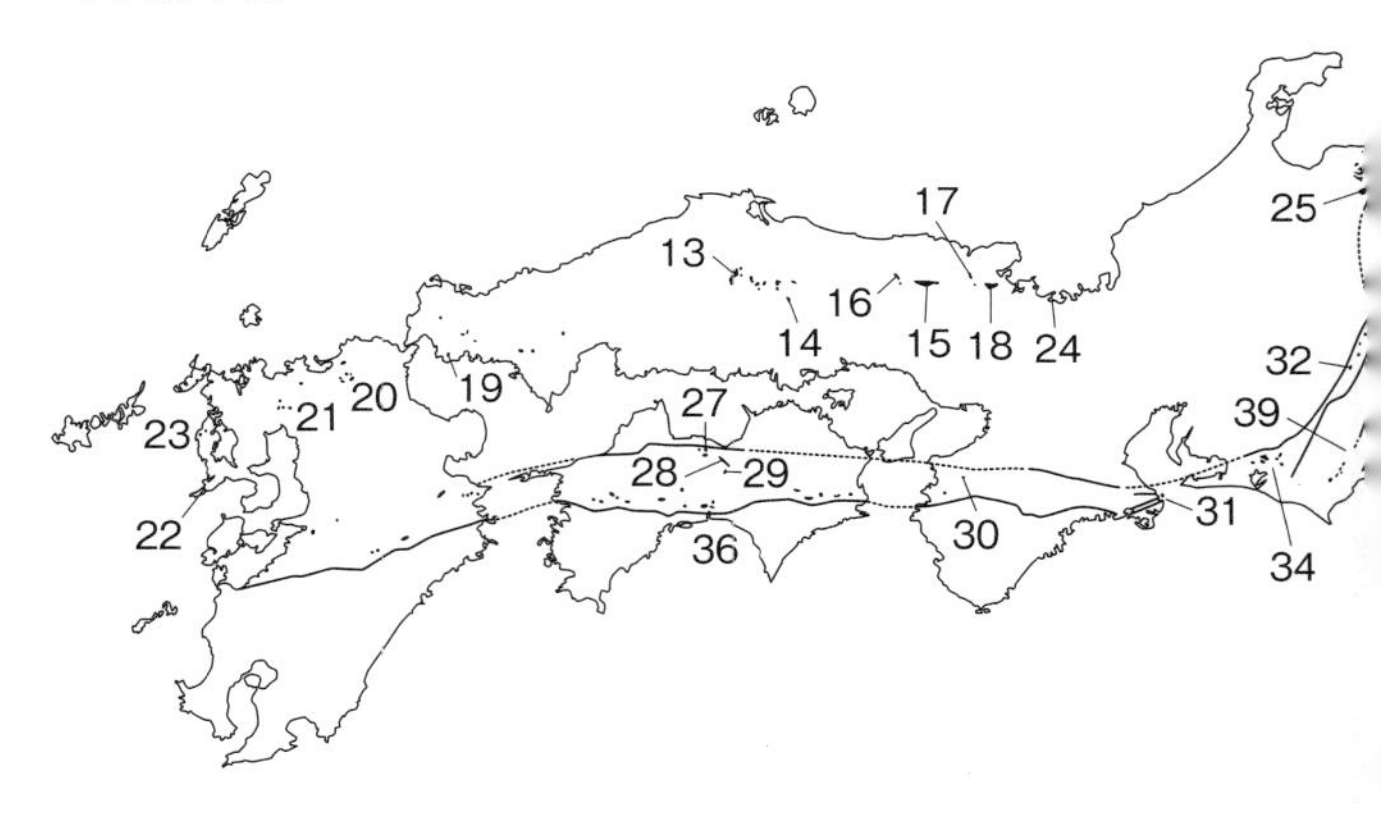

図1－8　日本の橄欖岩の分布
小さな岩体が北海道から九州までさまざまな場所に分布しているが、
「構造線」と呼ばれる断層に沿っていることが多い

いた境界線に沿って出現していると考えられます。

蛇紋岩と「海山」「生命」「磁気」

みなさんが見ることは難しいですが、蛇紋岩でできた山は、実は海底にもあります。海底にできた火山のことを「海山(かいざん)」といい、たとえば太平洋にある世界最深の海溝、マリアナ海溝の陸側の斜面には、北はコニカル海山から南のチャモロ海山まで、20個ほどの海山が並んでいますが、これらはすべて蛇紋岩でできています。これを「蛇紋岩海山」といいます。

マリアナ海溝の場合は、地下深くに押し込められていた水を大量に含む蛇紋岩の泥が、なんらかの理由で地表とつながったときに圧力が減少して地表へ火山噴火のように一気に噴出し、泥の山をつくったのです。このような山は蛇紋岩海山にかぎらず見られ、「泥火山(どろかざん)」と呼ばれています。マリアナ海溝の蛇紋岩からなる泥火山は、泥の層が何枚も何枚も重なったもので、20個ほどのすべてが富士山よりも高いのです。

日本では、マリアナ海溝の北の伊豆・小笠原弧と呼ばれる島弧（弓形に連なる島の列）でも蛇紋岩海山が見つかっています。

海底の蛇紋岩は、地球上に生命が誕生するうえで大きな役割を果たしたのではないかとも考えられています。さきほど、橄欖岩が蛇紋岩に変化するときの反応の化学式をご覧いただきましたが、橄欖岩は水と反応すると、水素を発生させます。微生物である細菌の中には、水素を酸化させることでエネルギーを得る水素酸化細菌というものがいます。この細菌は、現在の生命がどのように枝分かれをして進化したかを示す生命の系統樹をさかのぼっていくと、メタン酸化細菌などとともに一番の根本に位置しているのではないかと、私は考えています。

最初の生命は、地球ができてから8億年ほどたった頃に、海底の熱水噴出孔（熱水が噴き出している場所）で誕生したのではないかと考えられています。熱水の近くに橄欖岩があれば、水と反応して蛇紋岩とともに水素を発生させます。最初の生命はこの水素をつかってエネルギーに変え、生活していたのではないかと考えられるのです。だとすれば蛇紋岩は、最初の生命に栄養源を供給した「ゆりかご」ということになります。

もうひとつ、蛇紋岩とともに発生するものに磁鉄鉱があります。これは言ってしまえば磁石です。したがって、蛇紋岩でできた山は全体が磁性を帯びていて、磁力計で調べると大きな数値を示します。そして、地球の地磁気の正負と同じように、山の南側では正の、北側では負の磁気異常（双極子異常といいます）を示すのです。まるで山全体が、一個の棒磁石になったようなものです。

このように橄欖岩が蛇紋岩になるときには、泥火山、水素、磁鉄鉱という三つの生成物ができ、それぞれが自然界に重要な役割を果たしています。このことを私はキリスト教における

「父」と「子」と「聖霊」になぞらえて「蛇紋岩三位一体」などと表現しています。一度、万国地質学会がイタリアで開催されたとき、クリスチャンが多いだろうと思ってこの話をしてみたのですが、まったく受けませんでした。

地震研究の鍵を握る橄欖岩

いま橄欖岩は、地球物理学において重要な研究テーマとなっています。それは地震との関係からです。多くの地震は、マントルの中で起こっています。そして、マントルをつくっている岩石は、とりもなおさず橄欖岩だからです。さらにいえば、橄欖岩の成分の60%以上を占めている橄欖石の研究が、とくに重要です。

この章の初めに述べたように、地球の内部の構造は地震波によって知ることができます。P波やS波が伝わる速度が固体と液体とでは違う、などの性質を利用するわけですが、この方法で調べたところ、マントルは基本的に固体であることがわかりました。温度は岩石の融点より高くても、圧力も高いために固体の状態を保っていると考えられました。さらに、マントルの成分は地球全体のどこでも、均質であるとも考えられていました。これは1964年に地質学者のエンゲルたちが大西洋中央海嶺の岩石を分析した結果、驚くほど均質であるという結論が得られたからで、ここから「マントルは均質である」という神話のようなものができあがったのです。

ところが近年、岩石の研究が進展してきて、構成している元素だけを比べれば同じ石に見えても、「同位体」という観点から見ると違いがあることがわかってきました。このことについては次の章であらためて話をします。

もうひとつの近年の成果として、地震波トモグラフィーの発達によって、マントルの中の地震波速度が、場所によっては数％ほど変化することがわかってきました。これはマントルがけっして均質ではないことを示しています。地震波の速度を変えるものには温度、圧力、水の量などがありますが、いちばん効いてくるのは、温度です。実は地球の内部の温度は均一ではなく、部分的に高くなっているところや低くなっているところがあることがわかってきました。高くなっているところではマントルが軟らかくなって、流動しているようなのです。これを「プルーム」といいます。プルームは固体で、その大きさは、１０００㎞を超えるものもあります。プルームには高温のところと低温のところがあり、そのために対流が起きています。これが地球科学できわめて重要な現象である「プルームテクトニクス」です。

それにしても、地球内部の温度はなぜ高く保たれているのでしょうか。のちにくわしく述べますが、地球ができたときに無数の隕石が衝突して、地球はとてつもない高温になり、どろどろに溶けたマグマオーシャンの状態になりました。しかし、それは46億年も前のことです。地球が冷えきってしまわずにいまでも熱いのは、別の理由があります。それは、地球内部の岩石に含まれている放射性元素が崩壊するときの崩壊熱です。地球内部の温度の不均一性は、放射性元素の分布の不均一性によるのかもしれませんが、まだよくわかっていません。

このように地球内部の構造は、研究が進むにつれてわからないことがふえているという状態です。したがって地震の原因についてもいまだに謎に包まれています。マントルの中で橄欖岩がどのような力で、どのようにして破壊されるのかがよくわからないのです。橄欖石をマントルにあるときと同じ温度や圧力のもとで破壊する室内実験をしてみても、実際の地下の状態とはあまりにもスケールが違うので、実験結果をあてはめることができません。地震の原因はまだまだ謎のままですが、鍵を握るのが橄欖岩であることは間違いありません。

いかがでしょう。橄欖岩について、さまざまなトピックを紹介してきましたが、少しはこの石についてのイメージが湧いてきたでしょうか？

第2章

海洋をつくる黒い石

── 玄武岩のプロフィール

名前の由来は中国の神話

これもまた、ごつごつした名前の石です。「玄武」とは中国の神話に出てくる「四神（しじん）」の一つです。四神とは天の四方を司るとされる霊獣のことで、東の青龍、南の朱雀、西の白虎、北の玄武がいます。玄武は亀に蛇が巻きついた姿をしていて、「玄」は黒という意味です。

玄武岩は英語名では「basalt」といいます。その語源は、ギリシャ語の「basanïtēs」（試金石という意味）に関係があるとか、ヨルダン東部の「Bashan」という土地（聖書では「オグ王国」とされている）で玄武岩が豊富に産出されたことから「Bashanの石」という意味であるともいわれていて、こちらは、中国の神話とは関係ありません。

「玄武岩」という和名は、1884（明治17）年に、のちに東京帝国大学地質学教室の初代日本人教授となった小藤文次郎（ことうぶんじろう）によってつけられました。兵庫県豊岡市の「玄武洞」という洞窟（図2-1）にちなんだものです。玄武洞は約160万年前に噴火した溶岩流でできていて、断面が亀の甲のような六角形の柱状節理（ちゅうじょうせつり）（岩が冷却してできた柱状の割れ目）が見事です。その形が玄武を思わせることから玄武洞と名づけられ、さらに玄武洞をつくる溶岩流が玄武岩と命名されたのです。この石の黒っぽいという特徴（本書の表紙カバー右上の写真）を「玄」という字が表してもいますので、なかなかよくできたネーミングだったといえるでしょう。

図2－1　玄武洞の柱状節理

玄武洞は国の天然記念物に指定され、世界ジオパークに認定された「山陰海岸ジオパーク」の重要な見どころ（ジオサイト）になっていますが、実は以下のような理由から、地質学的にも大変に重要な場所なのです。

地球は磁場をもっていて、磁南極から磁北極へと磁力線をつくっています。磁石をかざすと北を指すのはそのためです（もっとも昔、中国にはつねに南を指す磁石を載せた「指南車」というものがあり、そこから「指南」という言葉ができたともいわれていますが）。古い時代の磁場は、岩石に記録されています。年代による磁場の変化が、岩石を調べるとわかるのです。京都帝国大学（現在の京都大学）の松山基範（もとのり）は古い岩石の磁場を調べつづけていて、大変な発見をしました。いまから70万年ほど前の磁場は、現在とは逆さまの方向を示していたのです。つまり磁場が逆転していたのです。その後、地磁気逆転の研究が進み、地球の磁場はこれまでに数かぎりなく逆転していることがわかりました。このうち、約260万年前から約70万年前の逆転期は、松山にちなみ「松山逆転期」と名づけられました。

この松山の発見は1926年のことでしたが、実はこのとき松山が調べた岩石が、玄武洞の玄武岩だったのです。

玄武洞へは、山陰本線の玄武洞という駅から渡し船に乗り、円山川の対岸へ渡ります。対岸に着くと、玄武岩の柱（柱状節理）がまるでお寺の題目を立てかけたように、たくさん並んでいるのが見えます。中には横になっているものもあります。玄武洞のほかには、青龍洞、白虎洞、北・南朱雀洞という名の洞穴もあります。玄武洞にあやかってのものでしょう。

柱状節理はマグマが冷えて固まってできたものです。日本海の海岸線にはたくさんありますが、玄武岩でできているものは少なく、玄武洞のほかに有名なのは七ツ釜（佐賀県）があります。安山岩の東尋坊（福井県）もよく知られています。玄武洞の柱状節理は、大量の玄武岩マグマがゆっくりと冷えて、いちばん安定した形である正六角柱の柱になったものです。この形は最も小さい表面積で多くの柱を詰め込むことができるので、いちばん丈夫な構造です。これを「ハニカム構造」といい、ハチの巣もこの構造をしています。

「石の起源」をめぐる大論争

序章で述べたように、玄武岩が地球の全体積に占める割合は1・62％ですが、これは橄欖岩に次いで2番目に多い値です。圧倒的に多い橄欖岩は地下深くにあって見えませんので、事実上は玄武岩と、次に紹介する花崗岩が人間にとっては古来、最もよく目にする石でした。

では、これらの石はいったい、どのようにしてできたのか？　これは昔から論争の種となってきた、大きなテーマでした。

18世紀のドイツで、フライベルグ鉱山学校の教授をつとめていたヴェルナーは、玄武岩や花崗岩などすべての岩石は、海の底に沈殿した物質が水の作用で堆積してできたものであると主張しました。これを「水成論」といいます。ヴェルナーは鉱物を化学的に分析することを提唱した当時としては先駆的な学者で、信奉する者も多く、水成論も大きな支持を集めました。

これに対して真っ向から異を唱えたのが、スコットランドの地質学者ハットンでした。もともとは医学を学んでいたハットンは、著名な物理学者ニュートンの影響を受けて地球物理学に転向し、玄武岩や花崗岩は地下にある高温のマグマが冷えて固まったものであり、つまりは火の作用でできたものであると主張しました。これを「火成論」といいます。

石の起源をめぐる水成論と火成論の対立は、18世紀の科学者たちを巻き込む大論争となりました。当時はまだ石を分析する手法にも限界があり、甲乙つけがたい状況が続きましたが、結局、勝利したのは火成論でした。これにより、玄武岩や花崗岩はマグマが冷えて固まった「火成岩」であるという考えが定説となったのです。

ただし、水成論の考え方でできる石があることも認められ、それらは「堆積岩（たいせきがん）」と呼ばれるようになり現在に至っています。

マグマとはなにか

地球科学の本には必ず載っている「マグマ」とは、一般的には、地球をつくっている岩石などの固体の物質が溶けて、液体となった状態のものをいいます。すべてが溶けきらず、一部に固体を含んでいるものもマグマと呼びます。

では、岩石はどのようなときに溶けてマグマとなるのでしょうか。マグマができる条件の一つに、高温があります。地球の内部は、深くなるほど温度が高くなります。すると、岩石の中で融点に達したものが、溶けだします。岩石はさまざまな鉱物からできていて、それぞれ融点が違うので、同じ岩石のマグマでも液体と固体が混じっていたりすることもあります。

マグマができる二つめの条件は、減圧です。ものは同じ温度の場合、圧力が高いと溶けにくくなります。逆にいえば同じ温度のもとで岩石にかかっている圧力が急激に下がると、マグマができる場合があるのです。これを「減圧溶融」といいます。

三つめの条件は、水などの流体です。同じ温度、同じ圧力の岩石は、無水の状態では溶けにくく、水が加わると融点が一気に下がって溶けやすくなります。これには別に温かいお湯である必要はなく、冷たい水でいいのです。

20世紀になってから米国のカーネギー地球物理学研究所が、さまざまな条件によって岩石が、どのくらいの温度・圧力でマグマになるのかを実験によって詳細に調べています。これを高温高圧実験といいます。現在では地球のいちばん中心部の条件に相当する温度5500℃、圧力364GPaでの実験も可能になっています。こうした温度と圧力の設定のほかに、そこに水やガスを加えて、鉱物の組成もさまざまに変えていろいろなマグマをつくるのです。

このような実験によって、どんな岩石が溶けるとどんなマグマになるのか、そしてそのマグマが冷えて固まって火成岩になると、どんな岩石になるのか、といったことがわかるようになってきました。つまり、火成岩を調べれば、その石が地中のどのくらいの深さにあったもので、いつマグマになり、いつ固まったか、といった来歴がわかるようになったのです。おかげで、私たちが観察するときも、一つの石から得られる情報が格段にふえました。顕微鏡をのぞきながら、その石の来た道を想像するのはなかなか楽しいものです。

玄武岩は橄欖岩の「子ども」

ふだんは地中深くにあって、地表では姿を見られる場所が限られている橄欖岩と違って、玄武岩は地上のあちこちで観察することができます。あとでくわしく述べますが、マグマは火山活動などによってしばしば地表に上がってくるからです。

野外で石が集まって露出しているところを「露頭（ろとう）」といいます。貧乏で困っていることを「路頭に迷う」といいますが、字が違います。地質学者にとっては露頭こそは宝の山です。そして、露頭の多くは地層をなしていて、その石ができた年代を表しています。地層のことを「ご馳走」と呼ぶ地質学者もいます。

玄武岩は露頭ではさまざまな状態で顔を出しています。マグマとして流れ出た跡であったり、火山灰として爆発的に噴き出した跡であったり、割れ目に脈のように貫入した状態（岩脈といいます）であったりなどですが、どれも黒っぽい色をしています。構成している鉱物に、有色のものが多いからです。それらの鉱物の成分を調べることで、いまでは玄武岩の来歴がくわしくわかるようになってきています。

では、玄武岩のもととなるマグマはどこでできたのでしょうか。火山の噴火のときなどにマグマの温度を直接測ると、１０００℃を超えています。このような高い温度が期待されるのは、マントルの中しかありません。玄武岩は地下60㎞よりも深いところで、マントルが部分的に溶けてマグマとなり、それが冷えて固まってできたものです。マントルは第1章で述べたように、橄欖岩でできています。つまり玄武岩とは、橄欖岩の「子ども」ともいえる石なのです。

なぜ溶けてマグマになったものがまた固まると、別の石になるかといえば、さきほどから述べているように、岩石は融点の違うさまざまな鉱物からできているからです。非常に高温で、すべての鉱物がどろどろに溶けた状態であれば成分は均質です。カレーの鍋の中でジャガイモもニンジンも肉もすべてが溶けている状態です。ところが、温度が下がってくると、融点の高い鉱物から順番に、固体となっていきます。これを「晶出」といいます。温度や圧力などの条件が違えば、晶出されて岩石をつくる鉱物の組み合わせも、ジャガイモとニンジンだけとか、肉だけとか、さまざまに違ってきます。そのために、さまざまな種類の岩石ができるわけです。

玄武岩の場合も、条件によってさまざまな種類のものができますが、ややこしい話になるのでここではふれません。とりあえず、橄欖岩とは親子関係にあることだけ覚えておいてください。

革命的理論の証拠となった玄武岩

さて、本書では、マントルをつくっているのが緑の橄欖岩なら、海洋をつくっているのは黒い玄武岩であるという見立てをしているわけですが、これはどういうことかを説明しましょう。

海洋をつくるといっても、もちろん海水が岩石でできているというわけではなく、海の基盤となる海底が、玄武岩によってつくられているのです。みなさんは陸と海はひとつながりの地続きで、たんに陸の凹んだところに水がたまって海になったと考えているかもしれませんが、それはまったくの間違いです。海は、陸とはまったく別のでき方をしているのです。

19世紀の後半、イギリスの調査船チャレンジャー号は1200日以上にもおよぶ探検航海を敢行し、海底の測量や海洋生物の探索によって多くの成果を挙げました。人類が本格的に海底の岩石に注目するようになったのは、このときからといえるでしょう。

1950年代になると、通信用の海底ケーブルを敷設する必要から、バケツのようなもので海底を引っ掻き回す「ドレッジ」という方法によって、岩石が頻繁にサンプリングされるようになりました。その結果、海底の岩石のほとんどが玄武岩であることがわかったのです。

では、なぜ海底にはこれほど玄武岩が多いのか？　その答えをつきとめることは、20世紀の地球科学における最大の成果というべき、ある革命的な理論を実証することになりました。

20世紀前半にドイツのウェゲナー（図2－2）という気象学者がある日、世界地図を眺めていて、大西洋をはさんで向かい合っている大陸どうしの輪郭が海をなくすとほとんどぴったり重なることに気づき、世界の大陸はもともとはつながっていたのが、ばらばらになって移動しているのだという「大陸移動説」を思いついたという話は、たくさんの本に書かれていますのでご存じの方も多いでしょう。ウェゲナーはこの突飛なアイデアを証明するために、離れている大陸なのに同じ動物が棲んでいた、などといった証拠を集め、かなりいい線までいったのですが、結局は学会で認められることはありませんでした。大陸がなぜ動いているのか、その原動力を説明できなかったからです。1930年、ウェゲナーはその答えを求めて探査に出かけたグリーンランドで、失意のうちに心臓発作によって斃(たお)れました。

画期的な発見がもたらされたのは、それから30年がたった1961年のことでした。海底にも、陸上と同じように火山があります。海底の火山のことを海山といい、とくに大規模なものを「海嶺(かいれい)」といいますが、大西洋の真ん中にある大西洋中央海嶺では、地表の割れ目からたえず大量のマグマが湧き上がってきていることがわかったのです。マグマは割れ目の左右に、平面的に広がっていきます。そのために、海底はたえず海嶺の左右に拡大しているはずだという考えが米国のへスらによって提唱されたのです。これを「海洋底拡大説」といいます。

図2-2　アルフレッド・ウェゲナー

実際にその後、大西洋中央海嶺では年間に3㎝ほど海底が移動していることがわかりました。また、東太平洋海膨という中央海嶺では、年間15㎝も海底が動いていました。

海底がベルトコンベヤのように海嶺の両側へ拡大しているのなら、その上に乗っかっている大陸も、動いてもいいはずです。ここに、ウェゲナーがついに説明できなかった大陸が動く原動力が見つかり、大陸移動説が証明されることになったのです。

そして、中央海嶺から湧き上がってくる大量のマグマこそが、玄武岩のもとなのです。地表に流れ出てきたマグマが広がり、冷えて固まると、玄武岩でできた海底、すなわち海洋地殻が生まれるのです。玄武岩が海底をつくっているという意味が、おわかりいただけたでしょうか。

なお、この海洋地殻と、マントルの最上部とを合わせた岩板が、プレートです。第1章で、オフィオライトとは橄欖岩や玄武岩の組みあわせからなる石で、その組成は海洋プレートそのものであると述べましたが、それはこういう意味です。そして、ベルトコンベヤのように動く海底とは、正しくは、プレートが動いているのです。

これが大陸移動説に端を発し、地球科学最大の革命ともいわれる理論にまで完成されたプレートテクトニクスという考え方です。

実際に私も潜水調査船で中央海嶺に潜り、暗黒の海底がライトに照らしだされたガラス質の岩石によって、ピカピカに輝いているのを幾度となく見てきました。これらは、すべて玄武岩です。その無数の光は、海底が玄武岩のマグマによってつくられ、大陸を動かしていることを物語っています。ウェゲナーが見たらどれだけ喜んだろうかと、この光景を目にするたびに思うのです。

玄武岩がつくる海底の風景

ここで、海水がすべて干上がってしまったという想定で、海底ならではの風景をご紹介しましょう。これらの地形の多くは、玄武岩独特の性質がつくりだしたものです。

中央海嶺の割れ目の両側には、地表に出てきたマグマが固まったものが、非常に薄く、広がっています。その厚さは、わずか1cmほどしかありません。しかし、どこまで広がっているのか、果てが見えないほどです。海底を覆う一枚のシートのようなこの構造を「シートフロー」と呼んでいます。

このシートフローが何枚も何枚も重なって陥没し、大きな柱のようなものが残っているのも見えてきました。これは「ピラー」と呼ばれるものです。また、斜面には溶岩が垂れ下がって固まった、舌のような形の塊も見えます。これを「ロープ」といい、ロープが長く伸びたものを「ピローロープ」といいます。「枕状溶岩」（図2-3）と呼ばれる、枕がいくつも重なったような溶岩も見えます。

また、海岸に上ればマグマが流れている状態のまま固まったような「縄状溶岩(なわじょうようがん)」（図2-4）も見られます。

奇観ともいえるこれらの地形は、玄武岩の「粘性」が低いためにできたものです。粘性とは、液体の内部に働く抵抗のことで、要するに粘り気のことです。粘性が高いほど、液体は流れにくくなります。粘性が低い玄武岩のマグマは流動性に富み、さらさらとどこまでも薄く広がっていくのです。粘性が高いマグマの場合は、外からの力が働いてもしばらく一定の状態を保ったあと、いきなり爆発的に弾けてしまうので、このような地形になりません。

また、マグマの中にガスが入っている場合、陸上では、気圧は1気圧なのでマグマのガスより低いため、ガスは発泡してマグマから空中へと抜けていき、固まった溶岩は穴だらけになります。盆栽などに使うにはうってつけの石です。これに対して深海底では、たとえば水深2000mのところではマグマは200気圧もの力をうけます。そのため、ガスは発泡せずに中に閉じ込められます。このようなマグマは粘性が低くなるので、平坦な海底であれば相当に遠くまで流れていくのです。

玄武岩マグマが海底につくった地形で世界最大のものが、パプアニューギニアの東の沖にあるオントンジャワ海台です。「海台」とは海底にできた台地のことで、ここでは地下から湧き出た大量の玄武岩マグマが幾重にも幾重にも広がって積み重なり、巨大な「のし餅」のような地形を

図2－3　ハワイ沖の枕状溶岩

図2－4　八丈島の縄状溶岩

つくっています。その面積たるや、なんと日本の総面積（約37万㎢）の約6倍（14倍という人もいます）！　想像を絶する、とてつもない量のマグマが短時間のあいだに噴き出してきたことがわかります。

地上の玄武岩マグマ

海底ほどではないものの、「薄く広がる」という特性をもつ玄武岩は、陸の上でも特異な風景をつくりだしています。わかりやすい例としてはまず、ハワイのキラウエア火山があります。みなさんも写真や映像で、あるいは実物を、ご覧になったことがあるかと思います。

ハワイ群島のいちばん大きな島、ハワイ島のキラウエア火山は、１９８３年に噴火したあと、もう30年以上も玄武岩のマグマを流しつづけています。マグマには粘性が低く、さらさらと流れるものと、もう少し粘性が高くてコークスのようにざらざらしたものがあり、ハワイの言葉では前者が「パホイホイ」、後者が「アア」と呼ばれています。

パホイホイは真っ赤な川の流れのようにさらさらと、山腹から数十キロを流れて海に注いでいます。時速1～10㎞と、非常にゆっくり流れているので、かなり近づいて見ることができる場合もあります。強風にさらされると、流れの跡に小さなビーズのような玉や、細い毛髪のような砕屑物を遺すことがあります。これらはハワイの火山の女神「ペレ」の名をとって、「ペレの涙」

や「ペレの毛髪」などと呼ばれ、お土産品にもなっています。

２０１６年の12月31日には、キラウエア火山のハレマウマウ火口の縁の一部が崩れ落ちたため、中から大量のマグマがあふれ出して海に流れ込み、人々を驚かせました。そのさまは、まさに真っ赤な滝で、色がついていなければ本物の川の滝にも見えます（図２－５）。この滝は２０１７年３月現在、いまだに流れつづけています。

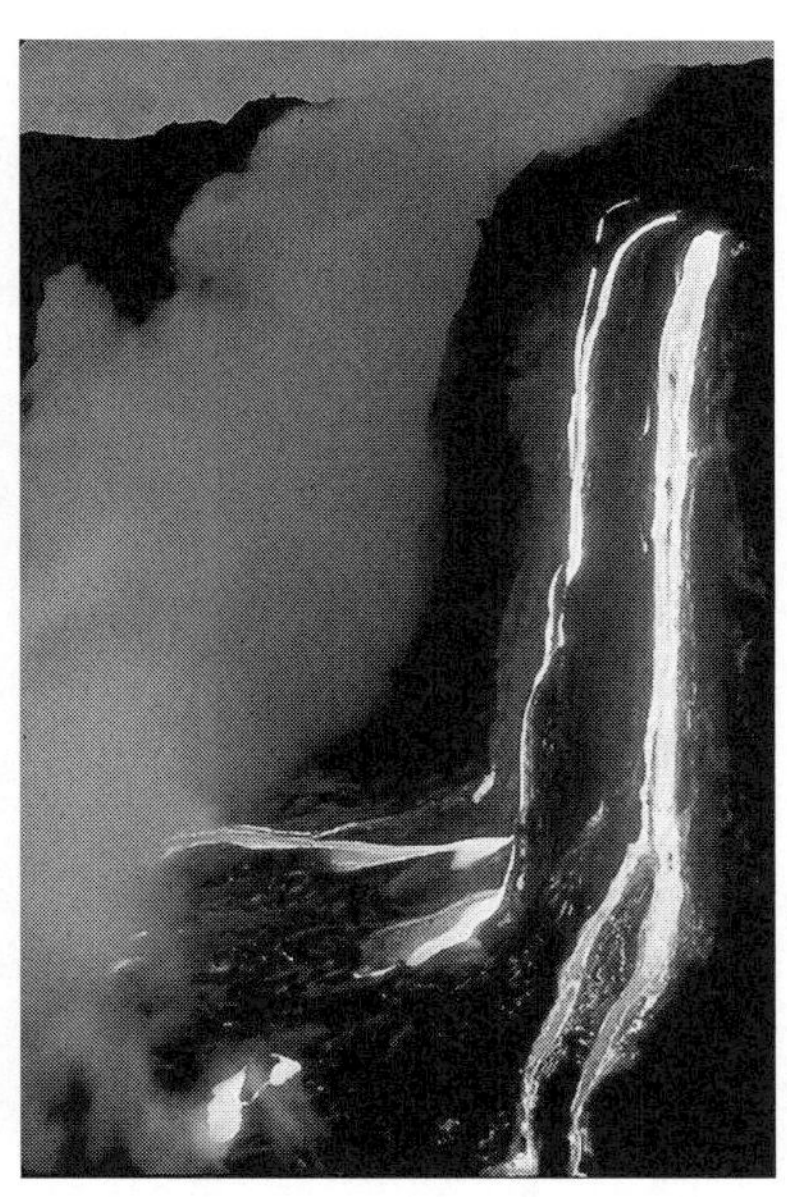

図2－5　キラウエア火山のハレマウマウ火口から流れ落ちるマグマ

韓国の済州島（チェジュ）にある漢拏山（ハルラ）には、世界最長といわれる「溶岩トンネル」があります。溶岩トンネルとは、玄武岩マグマがゆっくり流れているうちに外側だけが固まって硬くなってしまい、内側を流動性のあるマグマが抜けていくことで、外側だけがトンネルのように残ったという珍しい地形です。漢拏山のものは全長が16㎞もあり、中を電車が2車線も通れるほどの広さです。溶岩トンネルはハワイにもありますし、伊豆諸島の八丈島のものも有名です。八丈島のトンネルは崩落の危険があるため、公開はされていません。

玄武岩が地上につくった奇観として巨大なものでは、インドのデカン高原があります。平たい台地のような地形がどこまでも広がっていて、ランドサット（米国の地球観測衛星）などで宇宙からもそれとわかるほどですが、よく見ると何層もの溶岩流が重なっているのがわかります。キラウエア火山よりもさらに粘性が低い玄武岩マグマが大量に、薄く広がってできたもので、本当にぺっちゃんこの、地上の「のし餅」です。総面積は約52万km²で、日本の約1・5倍です。世界遺産のアジャンタ遺跡は、この高原の中にあります。

北米のコロンビア川台地や、南米のパラナ盆地、南アフリカのカルードレライトなども、玄武岩マグマによってできた広大な台地です。これらをつくったマグマは「台地玄武岩」もしくは、すさまじい量のマグマであることから「洪水玄武岩」とも呼ばれています。

富士山はなぜ美しいのか

私たち日本人が忘れてはいけない、玄武岩でできている山があります。世界でも類がないほどの美しい形をした山、富士山です。

円錐形で、なだらかな裾野をもつその姿は、噴火のたびに噴出した溶岩が何層にも積み重なったことでできたもので、このような火山を成層火山といいます。しかし、富士山ほどにどこから見ても明快に左右対称の形をしている山は珍しく、富士山を毎日眺められるロケーションにある静岡大学に地学の教室ができたときは、富士山の山体曲線を数式で表現しようというチャレンジが、学生の卒業研究で流行ったようです。

この特異なほどに美しい山体は、富士山が粘性の低い玄武岩の「薄く広がる」マグマを約10万年にもわたって吐き出しつづけてきたことで形づくられたものなのです。

しかし、ここに富士山の大きな謎があります。実は日本の火山で、玄武岩でできているものは非常に珍しいのです。ほとんどの火山は、のちに述べる「安山岩」や「デイサイト」という石からできていて、たとえば浅間山や桜島は安山岩で、雲仙普賢岳や有珠山はデイサイトでできています。富士山だけがなぜ、玄武岩でできているのかは、いまだによくわかっていないのです。

ただし、富士山はよく知られているように「四階建て」の構造をしていて、目に見えない地下には古い順に「先小御岳」、「小御岳」、「古富士」という火山が重なっており、その上にいま見えている「新富士」が乗っかっています。そして約10万年前の小御岳までは、玄武岩だけではなく安山岩やデイサイトも山体に含まれていることがわかっています。にもかかわらず、そのあとの古富士と新富士は、基本的に玄武岩のみでできているのです。不思議です。

この謎に迫る一つの鍵となるのが、富士山は日本の中でも独特の場所に位置しているということです。どういうことかおわかりでしょうか？

　第1章で述べたように、地球の表面は十数枚ほどのプレートに覆われています。そして日本は、4枚のプレートが接してひしめいているという世界でも稀な場所にあります。なかでも、ユーラシアプレートにフィリピン海プレートが南から衝突して沈み込み、さらにそこへ東から太平洋プレートが沈み込んで3枚のプレートが接する「三重会合点」ともいわれる地点があるのですが、なんと、その真上にできた山が富士山なのです。このきわめて特殊な立地が、富士山が玄武岩でできていることとなんらかの関係があると思われますが、いまだに具体的なメカニズムは明らかにはなっていません。

　一つだけ確かに言えるのは、玄武岩がつくったからこそ、富士山は世界でも有数の美しい山になった、ということです。

玄武岩質マグマは「本源マグマ」なのか

　私が学生だった20世紀後半には、「マグマの成因説」、すなわちマグマのもととなるのはどのような物質で、どのようにマグマの種類が分かれるのかを研究することが岩石学の主流になっていました。そのために野外での露頭観察や、岩石の溶融実験が盛んにおこなわれていました。当時の私はといえば、岩石が熱や圧力などによって変成作用をうけて別の岩石になった「変成岩」という種類の石を研究していて、われながら流行からまったくはずれたことをやっているものだと感じていたものでした。

この章では玄武岩になるマグマのことばかり述べていますが、マグマはそれが固まったときにどの岩石になるかで、大きく4種類に分けられます。玄武岩になる「玄武岩質マグマ」、安山岩になる「安山岩質マグマ」、デイサイトになる「デイサイト質マグマ」、流紋岩（りゅうもん）になる「流紋岩質マグマ」です。例によって、玄武岩以外の名前はここではあまり気にしないでください。

1920年代に、これらさまざまなマグマはすべて、大本となる一つのマグマを起源としているという考え方が、米国の岩石学者ボーエン（図2-6）らによって提唱されます。大本のマグマのことは「本源マグマ」と呼ばれました。ボーエンの考えをごく大ざっぱにいえば、本源マグマは玄武岩質マグマであり、それが温度や圧力の変化によってさまざまな鉱物の結晶が晶出していくことで、マグマの成分が変わり、玄武岩質マグマ→安山岩質マグマ→デイサイト質マグマ→流紋岩質マグマという順に変化していく、というものでした。ちなみに、それぞれのマグマのケイ素の含有量は、この順序のとおりに小から大へと変化していきます。

すべてのマグマはたった一つの本源マグマを起源としているという「マグマの進化論」とでもいえそうなこの考え方に、岩石の研究者たちは魅了されました。はたして本源マグマなるものが実在するのか、実在するとしたらそれは玄武岩質マグマなのか、活発に議論がかわされました。

日本でも東大の岩石教室で教えていた久野久（くのひさし）を中心に本源マグマの研究が盛んになり、私が当時いた大学も、そのご多分にもれなかったというわけです。

図2－6　ノーマン・ボーエン

本源マグマはいずれにしても地中深くに存在するものであり、地表に出てくる過程でさまざまな物質に汚染されて組成が変わってしまうと考えられるので、本源マグマそのものを実際に見ることは不可能です。何が本源マグマかをつきとめるには、さまざまなマグマの成分に目をつけて観察や実験を繰り返しては比較するという、気の遠くなるような作業が必要でした。

結論からいうと現在では、異論もあるものの、基本的には玄武岩質マグマが本源マグマであるという考え方が支持されています。「橄欖岩の子」である玄武岩が、すべてのマグマの起源であるとみられているのです。

玄武岩も均質ではなかった

ただし、ことはボーエンが考えたほど単純なものではないこともわかってきました。ひとくちに玄武岩質マグマと言っても、実はさまざまな性質の違いがあり、そのため分化のしかたもひと通りではなく、さまざまな系列があるらしいのです。

このような性質の違いを生みだすのは、一つにはマグマのもとになるマントルの溶け方（溶融度）の不均一さです。溶け方が違うと、玄武岩質マグマを構成する微量元素にその影響が表れて、溶け方が小さければアルカリ成分が多くなり（アルカリ質）、大きければ二酸化ケイ素が多くなります（ソレアイト質）。その差が、ばかにならないのです。

こうしたことは、マグマの中の主要な元素だけを比較していた20世紀には知りうるべくもなく、微量元素や同位体の研究手法が確立された近年になってからの成果です。第1章では、1964年のエンゲルたちによる海底の岩石の調査によって「マントルは均質である」という神話ができた話をしましたが、このときに調べられたのが玄武岩でした。海嶺から湧き出した玄武岩の組成がどれもきわめて均一という結果が得られたことから、マントルの組成もきわめて均一であると結論づけられたのです。しかし、同位体の測定によって、玄武岩にもそれぞれ違いがあることがわかり、「マントル均質神話」もまた、過去のものとなったわけです。これには、1967年に日本で始まった、あらゆる石を同位体でも微量元素でも測定してやろうという「アラユルニウム計画」というプロジェクトの研究成果が大きく貢献しています。

玄武岩質マグマの性質の違いを生みだすもう一つの要因は、マグマができた場所です。玄武岩質マグマは、生まれた場所によって、おもに三つに分けられます。

（1）中央海嶺から生まれた、プレートをつくるマグマ
（2）プレートを突き破って上昇し、巨大な海台や「ホットスポット」といわれる場所をつくる高温で大量のマグマ
（3）移動する海洋プレートが大陸プレートに衝突して沈み込む場所にできるマグマ

　さきほど、マグマができる条件として、高温、減圧、水の三つを挙げました。これをあてはめると、（1）のマグマは高温によってできたものです。（2）のマグマは高温と、地下から上昇してくることによる圧力の低下、すなわち減圧によってできたものです。（3）は、ちょっと想像しにくいですが、水によってできたマグマです。海を移動してきたプレートは、内部に大量の水を溜めこんでいます。それが沈み込み、地中深くのマントル上部まで達すると、水と反応してマントルの融点が下がり、溶けてマグマとなるのです。

　こうした、いわば「出自の違い」によっても、玄武岩質マグマの性質が違ってくることがわかってきました。これもやはり、微量元素や同位体にまで踏み込んだ研究の成果です。なお、マグマの研究は欧米で盛んになされていますが、（3）のように海洋プレートが沈み込む場所のマグマを観測するには島国である日本は有利で、次々に新しい成果を発表しています。

同位体とはなにか

ここで、これまで素通りしてきた同位体についても少し説明しておくべきでしょう。同位体とは、同じ元素で質量が違うものどうしのことです。英語ではアイソトープといいます。

あらゆる原子は、正の電荷を帯びた「原子核」と、負の電荷を帯びた「電子」から構成されています。原子核はさらに、正の電荷を帯びた「陽子」と、電気的に中性な「中性子」に分けられます。このうち陽子の数が、その原子の元素としての性質を決めます。そして中性子の数が、その原子の質量を決めています。

たとえば陽子が1つの原子は水素という元素になり、陽子が2つならヘリウムという元素になります。陽子の数が、その原子の原子番号となります。同じ元素であれば、陽子の数は同じです。

ところが、同じ元素でも中性子の数が異なる原子があるのです。たとえば水素には、陽子数は同じ1でも、中性子が0個の水素、中性子が1個の水素、中性子が2個の水素があります。つまり原子には、元素としては同じでも、質量が違う仲間がいるのです。これらのことを同位体といいます。それぞれの同位体は、陽子と中性子の総数を質量数として元素記号の左上に書き表すのが慣例です。たとえば陽子が1つだけの水素は^{1}H、陽子が1つ、中性子も1つの水素は^{2}H、陽子が1つ、中性子が2つの水素なら^{3}Hという要領です。

同位体には2つの種類があります。「放射性同位体」と「安定同位体」です。放射性同位体というのは、中性子の数と陽子の数とのバランスが悪く、原子核がいつまでたっても安定しない同位体のことで、安定な状態になろうともがいて放射壊変という自己崩壊を引き起こし、どんどん数を減らしていきます。崩壊によって外に出ていったエネルギーが、嫌われ者の放射線です。しかし、崩壊のスピード（半減期）がきわめて正確な時計のように一定であることから、ある物質に当初含まれていたはずの同位体の数と現在の数とを比べて、その物質の年齢を計算することができます。地球の年齢が46億年と確定することができたのも、放射性同位体のおかげです。

もう一つの安定同位体は、その名のとおり陽子と中性子の数のバランスがよく、安定して存在していられる同位体です。原子番号1の水素から112のコペルニシウムまでの元素のうち、安定同位体がない元素は原子番号43のテクネチウム、原子番号61のプロメチウム、原子番号84のポロニウムからコペルニシウムまでの計31元素だけです。

さて、安定同位体は、自然界では存在する質量の比が決まっています。たとえば水素の同位体では、^{1}Hが99・99％であるのに対し、^{2}Hは0・001％しか地球上に存在しません。炭素では、98・93％は^{12}Cで、残りの1・07％が^{13}C、酸素なら99・76％は^{16}Oで、^{17}Oと^{18}Oがそれぞれ0・04％、0・2％という具合です。この存在比を「同位体比」といいます。重い同位体に対する軽い同位体の比で表します。炭素なら^{13}C／^{12}Cというわけで、これを計算して求めた比の値を、δ^{13}Cと書きます。比といってもあまりにも数が小さいので、通常は比の値を1000倍してい

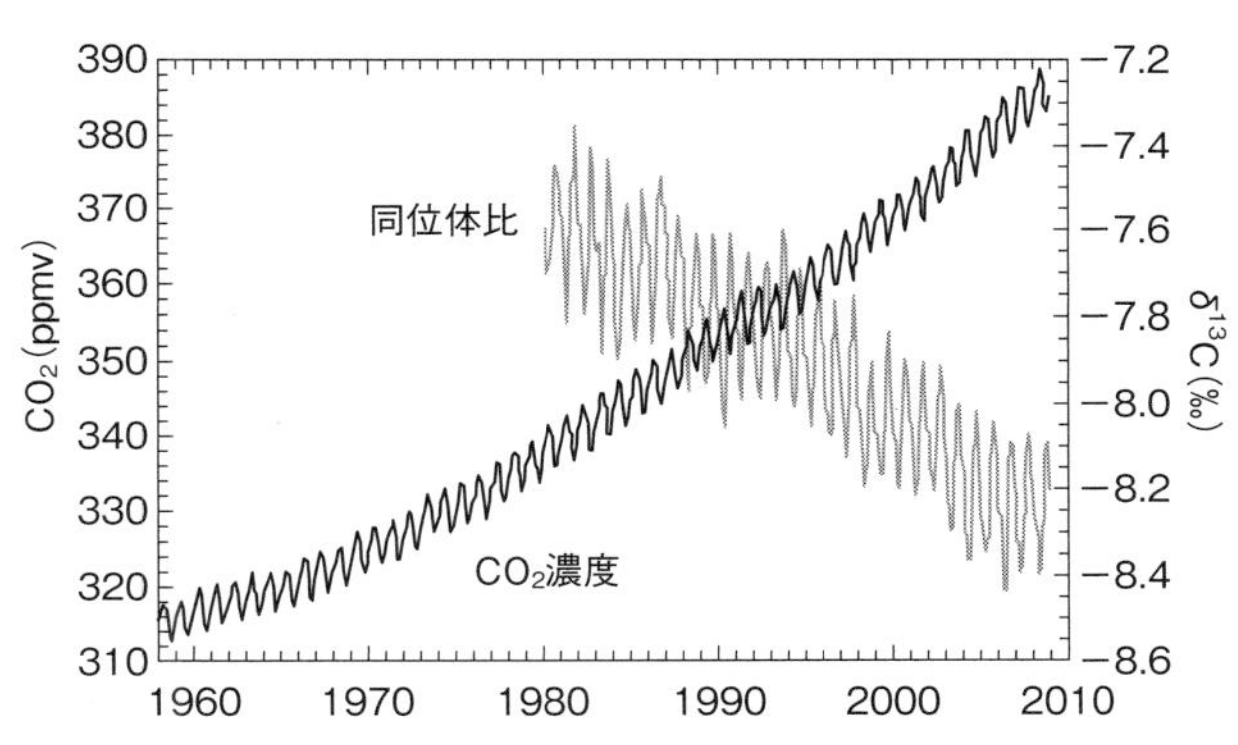

図2－7　ハワイのマウナロアで観測されている大気中の二酸化炭素（CO_2）濃度とその同位体比（$\delta^{13}C$）
CO_2濃度上昇の一方でCO_2の$\delta^{13}C$は低くなっていることから、より低い$\delta^{13}C$をもつ物質が増加していると考えられる

ます。

ところが、さまざまな物質について安定同位体が実際に存在している割合が調べられた結果、その割合が、あるべき同位体比とわずかに異なる場合があることが発見されたのです。たとえばハワイのマウナロア火山では、大気中の二酸化炭素（CO_2）の濃度と、二酸化炭素中の炭素の同位体の存在比（$\delta^{13}C$）が、１９５８年から観測されています。その結果を見ますと、二酸化炭素の濃度が年々上昇している一方で、$\delta^{13}C$は年々低下していることがわかります（図２－７）。

これは何を意味しているのでしょうか。考えられるのは、炭素を含み、かつ$\delta^{13}C$が二酸化炭素よりも低いなんらかの物質が、大気中に増加しているということです。では、そのような物質は何かを探してみると、石油や石炭などの有機物が該当することがわかりました。このことから、二酸化炭素中の$\delta^{13}C$が低下したのは、石油や石炭などの化石燃料を人間が使いつづけた結果であろうと推定できるわけです。

このように安定同位体を利用して、自然界の物質の出入りを追いかけたり、本来の状態を推測したりすることができます。しかし、非常に小さな成分の割合を相手にするので、きわめて高精度の測定が必要です。それが技術的に可能になってきたことで、石の研究も飛躍的に進み、マントルや玄武岩が均一ではないこともわかってきたのです。

火成岩とカレー鍋

本源マグマを探る研究は、現在も盛んに続けられています。近年は、玄武岩とはまったく別の成因によってできたマグマが複数存在している可能性も指摘されています。たった一つの起源からすべてが生まれたという自然界の描像に、科学者は本能的に惹きつけられるものですが、人間が自然をデザインすることはできません。

みなさんには、この章ではとりあえず、巨視的に見れば、マグマからできる火成岩（安山岩、デイサイト、流紋岩など）の大本をたどれば玄武岩にいきつく、とざっくりと理解していただければ十分かと思います。

また少し、カレーのたとえをもち出すと、鍋の中に、切ったばかりの野菜や肉などの具材や、

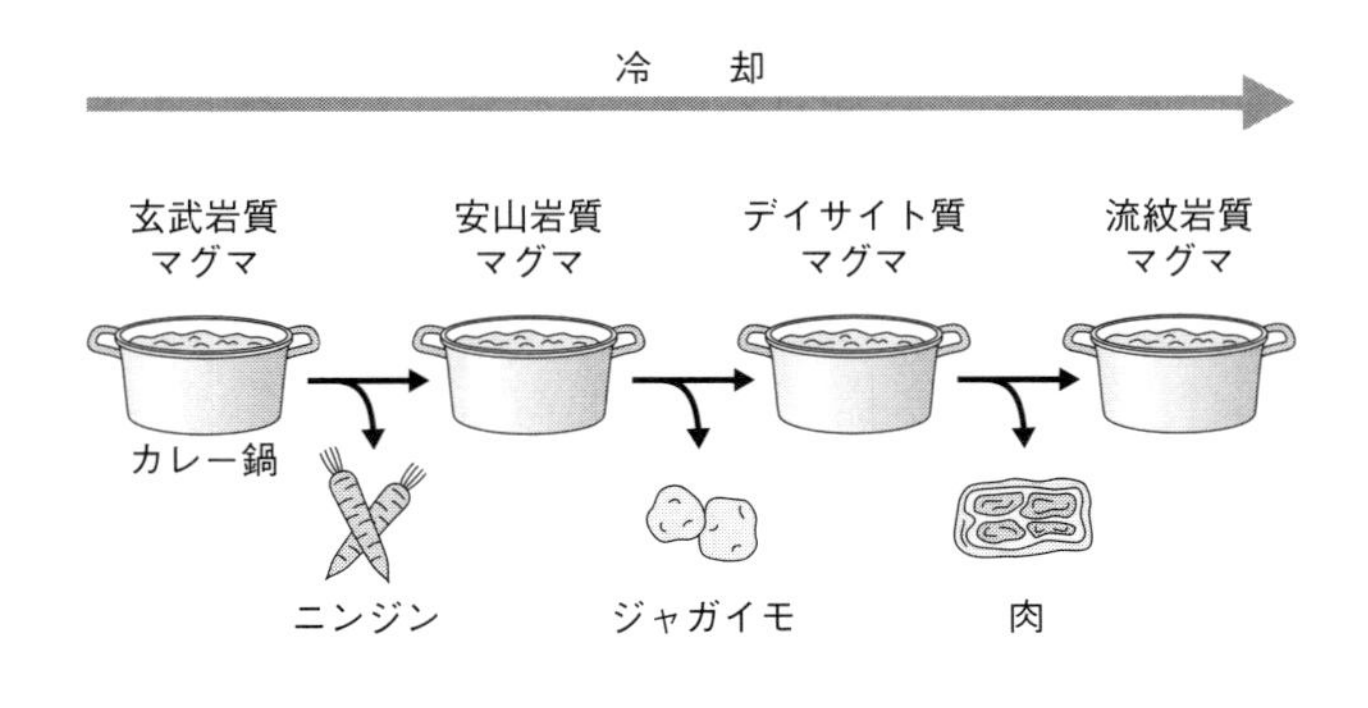

図2－8　結晶分化作用のイメージ

固形のカレールーを入れた状態を、橄欖岩でできた固体のマントルと思ってください（いささか乱暴ですが）。鍋を火にかけて、長時間ぐつぐつと煮込み、すべてが溶け込んでどろどろになった状態が、玄武岩質マグマです。火を止めて落ち着かせれば、玄武岩カレーのできあがりです。

ただし、このカレー鍋には、いったん溶け込んだ具材も、何かの拍子で火が消えたり、水が混ざったりして温度が下がると、元の形に戻ってしまうという不思議な性質があります。いわば、ジャガイモの結晶や、ニンジンの結晶ができるわけです。そして結晶は、鍋の外に出ていってしまいます。

すると、鍋の中の具材の構成が変わります。その組み合わせによって、できあがったカレーが安山岩カレーになったり、デイサイトカレーや流紋岩カレーになったりするというわけです。これは「結晶分化作用」

（図2－8）と呼ばれ、本書の後半で岩石について考えるうえで非常に重要な現象ですので、覚えておいてください。

玄武岩についての紹介は、とりあえずこのくらいにしておきましょう。

第3章

大陸をつくる白い石

── 花崗岩のプロフィール

京都と東京は「地面の色」が違う

京都で生まれ、京都で育った私は、大学院生になって東京に行くまで、地面とは「白っぽいもの」だとばかり思っていました。京都では神社やお寺の庭など、至るところに「真砂（まさ）」という白っぽい砂が敷き詰められていたからです。上賀茂神社や銀閣寺の真砂は、子供心にも印象的でした。しかも、市中を流れる白川の川底も「白川砂（しらかわすな）」という石で覆われていて、その名のとおり白い川というイメージでした。

ところが、東京に来てみると、地面が黒っぽいことに気づきました。黒かったり赤っ茶けていたり、とにかく京都とは全然違うことを初めて知ったのです。東京はうどんのつゆが黒い、とは聞いていましたが、地面もそうだとは思いませんでした。

真砂や白川砂のもとになっている石が、本章の主役である花崗岩です。

ふとん着て　寝たる姿や　東山

江戸時代の俳人、服部嵐雪（はっとりらんせつ）がそう詠んだ東山三十六峰は、京都盆地の東側を縁どって、なだらかな山稜をつくっています。そのほとんどが、花崗岩でできた山々です。花崗岩を構成する鉱物には無色のものが多く、そのため花崗岩は白っぽい色をしています（本書の表紙カバー左上の写真）。また、あとでくわしく述べますが、花崗岩にはもろく風化しやすいという特徴があります。そのため、東山からはたえず、花崗岩の白っぽいかけらがこぼれ落ちていて、それが大量に風で飛ばされたり、川に流されたりして、真砂や白川砂になるのです。

真砂は瀬戸内海周辺にも多く分布しています。気候が温暖で降水量が少ないため、花崗岩が風化しやすいためと考えられています。

花崗岩は日本全般に分布している石で、東北地方の北上山地などにもみられますが、とくに近畿地方や中国地方は花崗岩が多い地域です。京都では比叡山や大文字山も花崗岩がよくみられます。兵庫県では六甲山を登ると至るところに花崗岩がみられ、布引(ぬのびき)の滝が花崗岩の表面を優雅に流れ下っています。また、神戸市の御影(みかげ)という場所では、花崗岩を切りだした石材「御影石」が有名です。滋賀県でも、琵琶湖西岸の比良山や、湖の南にある湖南アルプスはみな花崗岩でできています。京都の地面が白いのは、こうした理由もあるかもしれません。

一方、東京の地面が比較的、黒いのは、富士山や箱根から飛んでくる玄武岩質の火山灰によるものでしょう。第2章で述べたように、富士山はほぼ玄武岩だけでできている特殊な山です。また、赤茶けた土は、関東平野を覆う「関東ローム層」という火山灰層の赤土によるものでしょう。

地面の色というものは、それを見て育った人の心象風景に、知らないところで影響を与えているような気がします。東京と京都の文化の違いには、黒い玄武岩の文化と、白い花崗岩の文化の違いという側面もあるのではないでしょうか。

わかりにくい名前の代表格

石の名前は本当に意味がわかりにくいものが多いのですが、花崗岩はその代表格といえます。私もよくわかっていなくて、本書を執筆するにあたりあらためて調べてみましたが、誰がいつ名づけたのかも、その名前の意味も、確たる答えは見つかりませんでした。なんとなく、「花」という字に白っぽさ、華やかさは感じますが……。

あくまで一説ですが、中国の「花石」という言葉からきているという見方があります。この場合、「花」とは、「模様があって美しい」といった意味だそうです。「模様がある」ことは、たしかに花崗岩の大きな特徴のひとつです。花崗岩の表面にみられる結晶は、粒が大きくて、模様のように見えるのです。

英語では花崗岩を「Granite」といい、その語源はラテン語の「granum」で、「穀粒」という意味です。植物の種子のような模様があることからきているようですから、「花石」の意味と似ているとはいえます。もしこの解釈が正しければ、花崗岩というネーミングには「白い」という意味はとくに含まれていないのでしょう。

いずれにしても、花崗岩は白っぽくて、粒が大きい石です。粒が大きいというのは、一粒一粒が確認できるほど、大きな結晶が詰まっているということです。これは、この石が地下で非常にゆっくりと冷えて、ゆっくりと地表へ上昇し、周囲のいろいろな石をとりこむからです。とりこんだ石のことを「捕獲岩」といいます。花崗岩の表面をみると、大きな結晶が並んでいて、時間をかけてのびのびと育っている印象をうけます。このような顔つき（岩相）の模様を「等粒状組織」といいます（図3－1）。この粒の粗さが、花崗岩の「もろくて風化しやすい」という特徴の原因となっているのです。

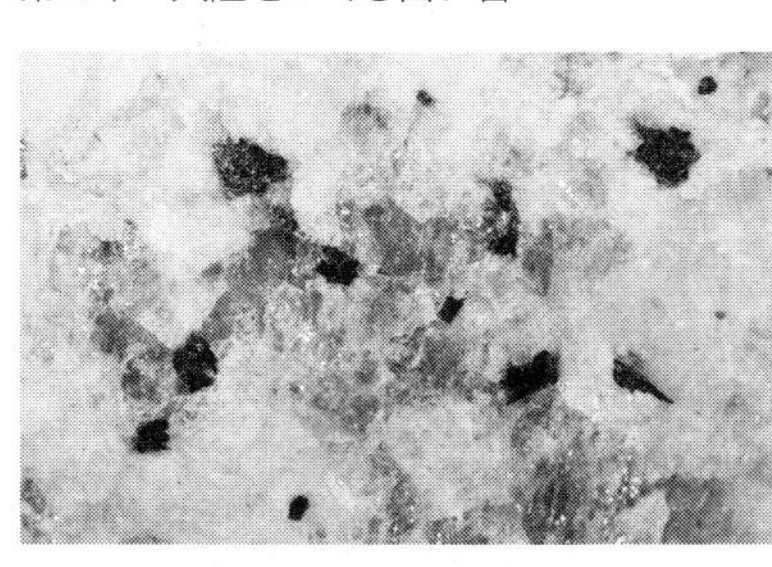

図3－1　花崗岩の等粒状組織

また、花崗岩の岩体には至るところに「節理」という切れ目が入っています。花崗岩の節理はとてもシャープで、これも、この石のゆっくり冷えてできるという特徴を物語っています。

名前のもう一つの文字「崗」には、「硬い」という意味があります。これも、この石の特徴を表しています。

あれも花崗岩、これも花崗岩

花崗岩のプロフィールとしてはずせないのが、これほど人間に利用されている石はないということです。橄欖岩や玄武岩の姿は自然の露頭でなければなかなか見ることができませんが、花崗岩はむしろ人工物となって、われわれのふだんの生活で目にとまることが多いのです。

みなさんがもし花崗岩の利用例を手っ取り早く見たいと思われたら、墓地に出かけることをお勧めします。日本のお墓は、まるで花崗岩でないとだめであるかのごとく、ほとんどの墓石が花崗岩でできています。そうでない墓石を見た記憶がありません。もちろん、わが家の墓も花崗岩でできています。なぜなのかは知りたいところです。日本で一番多く出現する石だからでしょうか。もっとも、最近では日本の花崗岩も枯渇気味で、墓石の多くはブラジルなど海外から輸入しているのだそうです。

お城の石垣にも、花崗岩がよく使われています。大阪城や二条城の石垣は、瀬戸内海周辺の花崗岩です（図３－２）。

さきほど述べたように、神戸市に近い御影で採れる花崗岩を御影石といいます。１９９５年の阪神淡路大震災では神戸の多くの建造物が倒壊しましたが、硬い御影石でつくられた建物にはほとんど被害はなかったようです。コンクリートでつくられた高速道路が大きく崩れたのとは対照的でした。神戸市役所や神戸市立博物館などに、花崗岩がふんだんに使われています。

測量のために用いられている三角点（図３－３）は、日本中にあります。多くは山の頂上に、頭部が四角い形の石柱が埋められています。これはなぜか、花崗岩でつくるように指定されています。この石は風化には弱いのですが、温度の上がり下がりで大きさがあまり変化しないからでしょうか。

江戸時代に街道が整備されて、日本橋からさまざまな方向へ向かう五街道ができました。これらの街道に、原点からの距離を知るために一里ごとに土盛りをしたものが一里塚です。一里塚に

図3-2　大阪城の石垣

図3-3　三角点

は「どこまで何里」とか、「右は北国街道」などといった標識もあって、これには必ず花崗岩が使われています（図３－４）。

また、道端にある道祖神や、お寺にある五百羅漢も、多くが花崗岩でできています。風化しているものも多く、岩手県の遠野にある五百羅漢には、すでに真砂になりつつあるものも見られます（図３－５）。前述のように新鮮な花崗岩は硬いので、神様や羅漢さんの姿を彫刻で表現するのは難しいと思うのですが、何か特別な方法があるのでしょうか。一度、専門家に聞いてみたいものです。

図3－4　一里塚

図3－5　遠野（岩手県）の五百羅漢

石橋に使われる石も、ほとんどが花崗岩です。九州には石橋が多く、とくに大分県や熊本県、鹿児島県に多いようです。長崎ではアーチ型の眼鏡橋が有名です。大分県の石橋を巡ったことがありました。宇佐市の院内町というところでは、恵良(えら)川に沿って下流から鳥居橋、櫛野橋、御沓橋、荒瀬橋、水雲橋、富士見橋などの眼鏡橋が並んでいて、遠くから見ると壮観です。石橋は江戸時代の終わりから昭和の初めにかけて、盛んに造られました。花崗岩を煉瓦くらいのサイズのブロック状にして、組み合わせて使いますが、それぞれ工法が違っていて、特色があります。敵が来たときに、一つの石をとると橋全体が壊れてしまう設計になっているものもあります。

最後は、麦やお茶、蕎麦などを細かく挽くのに使う石臼です。昔はどの家庭にもあったようですが、いまでも蕎麦屋ではよく見かけます。この石臼も、ほとんどは花崗岩でつくられています。

こうしてみると、花崗岩は石材として実にさまざまな使われ方をしてきたことがわかります。それは、洒落のようですがこの石が加工しやすいからです。「崗」は「硬い」という意味であるように、花崗岩そのものは硬い石なのですが、さきほど述べたように、花崗岩の表面には節理という割れ目があります。地下深部でマグマがゆっくり冷えて岩石になるときに、冷えやすい部分が壊れて割れ目になるのです。ここに楔(くさび)を打ち込むと、花崗岩はその面に沿って容易に割れます。石材はこうして切り出すのです。

節理が見られる名所としては、木曽川（長野県）沿いの「寝覚の床」と呼ばれるところに、花崗岩の大きな節理があります。また、大阪城の巨大な石垣となっている花崗岩も、楔を節理に何本も打ち込んで、切り出したものと推察されます。

花崗岩ほど、日本人の生活に古くから密着してきた石はないでしょう。石井さん、石川さん、石塚さんなどの「石」も、多くは花崗岩なのかもしれません。

巨大花崗岩「バソリス」

さて、このように花崗岩が日常的にみられるのも、この石が大陸地殻を形成しているからにほかなりません。地球の全体積に占める割合は橄欖岩（82・3％）、玄武岩（1・62％）よりも少ない0・68％ですが、陸をつくっているだけに、私たちの目にふれる頻度はほかの二つの石とは大違いです。花崗岩が大陸地殻となったのは、海洋地殻を形成する玄武岩よりも密度が小さい、つまり軽いからです。重い玄武岩の上に、軽い花崗岩が乗っかっているのです。

花崗岩はしばしば、巨大な岩体を形成します。日本では、鹿児島県南西の海に浮かぶ屋久島の、面積504㎢におよぶ島全体が大きな花崗岩の岩体でできています。

しかし、世界に目を向ければ上には上があり、アメリカ大陸ではロッキー山脈に巨大な花崗岩の岩体が出現しています。そもそも「ロッキー」とは「岩がごろごろしている」「岩がちな」と

図3-6　バソリス

いった意味ですが、なかでもコロラド州のボールダー山地（「ボールダー」は「巨礫」という意味）には、なんと直径が100kmを超える巨大岩体がごろごろしています。

このような巨大な岩体を、一般に「バソリス」といいます（図3-6）。バソリスは世界各地で見られ、ユーラシア大陸でも、ロシアのウラジオストク北東から日本海沿いへ1200km延びるシホテ・アリン山脈や、カムチャツカ半島から中国の海南島まで3000kmにもわたる範囲に、バソリスが分布しています。ちなみに中国の雲南や貴州に露出している花崗岩はいわゆるレアメタルをたくさん含んでいて、貴重な金属資源になっています。

バソリスを形成することは、花崗岩の大きな特徴です。ところが、このことがやがて、20世紀の岩石学者たちをおおいに悩ませる謎となるのです。

バソリスの謎

それは、つきつめれば花崗岩の成因に関係してくる問題であり、岩石学者たちの間で「花崗岩問題」とも呼ばれた難題でした。

花崗岩がどうしてできるのかについては、第2章で登場したカーネギー地球物理学研究所のボーエンが20世紀の初め、花崗岩の「火成論」を提唱しました。

本源マグマとされる玄武岩質マグマの結晶分化作用によって、安山岩質マグマ、デイサイト質マグマ、流紋岩質マグマとさまざまな組成のマグマができることはすでに述べました。ボーエンはさらに、それらができたあとに残った最後の液は、花崗岩質マグマになることを溶融実験によって明確に示したのです。カレー鍋の最後に残るのは、花崗岩質マグマだったというわけです。

つまり、花崗岩も玄武岩と同じく火成岩であり、系譜としては同じ橄欖岩を親にもつ、玄武岩の弟というところでしょうか。

ところが、ここに大きな謎が立ちはだかってきたのです。

それは、これだけのバソリスをつくるほど大量の花崗岩が、いったいどこでできたのか、というものでした。マントルが融解してできた玄武岩質マグマが結晶分化作用を繰り返し、最終的に生成される花崗岩質マグマの量は、玄武岩質マグマの100分の1にすぎません。非常に効率が悪いのです。これではとても、地上にある大量の花崗岩をまかなうことはできません。原料がまったく足りないのです。

ここで登場したのが、花崗岩は必ずしも火成岩のみにあらず、という花崗岩の「変成論」でした。岩石はそのでき方によって火成岩や堆積岩などに分類されますが、「変成岩」も分類名の一つです。地下深くでかかる高圧や、マグマとの接触による高温によって岩石が変成作用を起こしてできたもので、私が学生時代に研究していたことは第2章で述べました。

花崗岩の変成論とは、地下深くにある堆積岩などが高温高圧によって変成すると、やがて溶けだして花崗岩質マグマになるという考え方で、花崗岩ができるもう一つの道筋があることを主張するものでした。変成論が是か非かは論争を呼び、なかなか決着をみませんでしたが、1985年、米国のタットルとボーエンの実験によって、地殻の下部に相当する高温高圧の条件下で、水が十分にあれば、堆積岩が溶けて花崗岩質マグマができることが示されたのです。

これにより変成論の正しさが認められ、花崗岩は火成岩のものもあれば変成岩のものもあることがわかりました。以後、火成岩である花崗岩をIタイプ（火成岩の英語 Igneous の頭文字）、堆積岩紀源の変成岩である花崗岩をSタイプ（堆積岩の英語 Sedimentary の頭文字）と呼んでいます。

原料の仕入れ先が二つになり、大量の花崗岩についての説明が可能になって一件落着と思いきや、そうはいきませんでした。バソリスなどの花崗岩の組成を調べたところ、ほとんどはSタイプのそれではなく、Iタイプの組成であることがわかったのです。

花崗岩問題、ついに解決

マントルから上がってきた玄武岩質マグマでもなければ、変成岩でもない。いったい、どうすればこれだけ大量の花崗岩ができるのか。悩みぬいたあげく岩石学者たちがたどりついたのが、最初に大陸地殻をつくっていた岩石が大量に溶けて、花崗岩質マグマとなり、花崗岩からなる新しい大陸地殻がつくられたのではないか、という考えでした。

くわしくはのちの章でまた述べますが、大陸地殻のそもそものはじまりは、「島弧」の集合体であったと考えられます。島弧とは海底での火山活動によって噴き出したマグマが海上に顔を出し、固まった陸地が弓形に並ぶ列島のことで、小さな島弧どうしが次々に衝突して合体することで、やがては大きな大陸地殻を形成していったのです。たとえば北米大陸は、五大湖の周辺にある35億年前の古い地殻を取り巻くようにたくさんの地殻が寄せ集めになっていて、まるで「United Plates of America」（アメリカ合地殻国）だと冗談をいう人もいます。

島弧はおもに、安山岩でできています。したがって大陸地殻もそもそもは、安山岩であったと考えられました。そして実験では、安山岩質マグマを溶かして結晶分化させると、玄武岩質マグマよりはるかに効率よく花崗岩質マグマをつくれることがわかったのです。花崗岩のルーツを大陸地殻に求める考えが、有力視されるようになってきました。

ところが、またしても壁に突き当たります。最初の大陸地殻の最下部までの深さは、20〜30kmほどと考えられています。この程度の深さでは、地下の温度が十分に高くなっていないため、岩石が大規模に溶けることはないのです。学者たちはさぞ頭を抱えたのではないでしょうか。

やがて、ひとつの朗報がもたらされます。この深さでも、水が十分に存在している場合には、岩石は溶けることが実験によってわかったのです。しかし、大陸地殻の下部に水などあるのでしょうか？

この問題を劇的に解決したのが、あのウェゲナーの大陸移動説をきっかけとして1960年代に確立されたばかりの、プレートテクトニクスでした。

海を移動してきた海洋プレートは、大陸プレートがあるところまでくると、その下に沈み込みます。そして、マントル深くまで落ちていくと、抱え込んでいた大量の水をそこで吐き出すのです。その水が地殻下部にもたらされたら、一挙に大規模な地殻の融解を起こすことが可能です。

また、海洋プレートと大陸プレートが、衝突してせめぎあう場合もありえます。このときは衝突によって生じる熱によって地下の温度が上がり、やはり地殻が溶けます。

こうしてついに花崗岩問題は解決し、地表に大量の花崗岩が存在する理由が明らかになりました。安山岩からなる最初の大陸地殻を原料として、花崗岩からなる大陸地殻が形成されていたことがつきとめられたのです。

この過程で、花崗岩には玄武岩質マグマからできるもの、変成作用でできるもの、そして安山岩の地殻を原料とするものと、さまざまなタイプがあることがわかりました。こうなると、玄武岩の弟分もいれば、赤の他人や、いとこのようなのもいて、わけがわかりませんね。

地殻を原料とする花崗岩は、プレートの沈み込み（水の作用）でできるものを「前線型」、プレートの衝突（熱の作用）でできるものを「衝突型」ともいいます。前線型とは、プレートの沈み込むところではプレートの縁に沿って火山フロントという、いわば火山の前線ができることからきています。西南日本の石垣島、奄美大島、屋久島、宮崎県の大崩山、尾鈴山、四国の石鎚山、南アルプスの地蔵ヶ岳や甲斐駒ヶ岳にかけて、前線型の花崗岩体が並んでいます。これはフィリピン海プレートの沈み込みによるものと考えられます。衝突型では、500万年前に丹沢島が、また60万~100万年前に伊豆島弧が、本州に衝突してそれぞれ現在の丹沢山地と伊豆半島になったときに、花崗岩体ができています。世界の衝突型の代表例は、インド亜大陸の衝突でできたヒマラヤ山脈の花崗岩体です。

花崗岩は大陸のダイナミックな運動で形成される魅力的な石です。そして、水がなければ多くはつくられないことから、地球ならではの石ともいえます。太陽系のほかの岩石型惑星では、いまのところ花崗岩らしき石は見つかっていません。

安山岩とはどういう石か

これまでの話で、重要な役者として登場した安山岩について、少しご紹介しておきましょう。南米のアンデス山脈に多く産出される「アンデサイト」という石があります。実はこれが安山岩です。「安山岩」という名前は、「アンデス山脈」からとったアンデサイトの和名なのです。最初は東京大学の小藤文次郎によって「富士岩」と命名されましたが、のちに地質調査所が安山岩と改名しました。安山岩は玄武岩質マグマから結晶分化してできる火成岩です。デイサイトや流紋岩よりも早く分化します。また、マントルの部分溶融によってもできます。

日本には安山岩が多く産出します。会津磐梯山をつくる石がそうですし、箱根や根府川(ねぶがわ)で採れる「小松石」や「根府川石」という石もそうです。香川県などでみられる、叩くとカンカンと音がする非常に稠密(ちゅうみつ)な「讃岐岩(さぬきがん)」(別名かんかん石)も安山岩です。

安山岩の特徴として重要なことは、島弧がおもにこの石でできているということです。そのため、大陸地殻の組成は安山岩の組成とよく似ています。米国の女性岩石学者ロベルタ・ラドニクが1995年に大陸の平均化学組成を調べて、そのことがわかりました。

すでに述べたように、この安山岩による最初の地殻が溶融して花崗岩からなる大陸地殻ができたわけですが、そのプロセスにはまだわからないことがあります。現在、これについて研究しているのが、海洋研究開発機構（JAMSTEC）の田村芳彦たちが取り組んでいる「TAIRIKUプロジェクト」です。彼らのターゲットには小笠原諸島に突如、出現した西之島新島も含まれています。この島は安山岩でできていることから、将来、これが花崗岩に変わっていくのかどうか注視することで、大陸地殻が形成される過程をつきとめようとしているのです。

数百万年かけて冷える

さて、話を花崗岩に戻します。この章の前半で、花崗岩の特徴は「ゆっくり冷えて」「ゆっくり上昇する」ことにあると述べましたが、それっきりになっていました。まず、ゆっくりと冷えるほうから説明します。

プレートの沈み込みや衝突によってできた花崗岩質マグマは、非常に量が多いため、冷却されるまでに非常に時間がかかります。玄武岩質マグマの冷却過程はハワイのマカオプヒ溶岩池の天然の実験室で観察されましたが、花崗岩の場合はそうした理由で実験ができないため、大きな岩体の中の鉱物などを手がかりにして探っていきます。一つ一つの鉱物の年代と温度を確定していき、成長の様子をさまざまな手法を駆使して推定していくのです。

すると、鉱物によっては数百万年も年代に差があることがわかりました。これは花崗岩質マグマがどこかに定着し（定置といいます）、完全に固まって、かちんかちんの石になるまでに数百万年もの時間がかかったことを意味しています。

大量の花崗岩質マグマは、冷却にともなって周辺に大量の熱を放出します。そのため、地下水が温められて、私が大好きな温泉ができます。神戸市の北にある有名な有馬温泉は、六甲山の花崗岩からの熱によって温められたものです。ここには成分の違いによって、「金泉」「銀泉」があります。

花崗岩質マグマが冷却するにつれて、結晶が分離していきます。すると、残った溶液には長い時間のあいだにさまざまな元素が溶け込み、濃集していきます。通常ではみられないような特異な元素も入ってきます。その中に、ラジウムなどの温泉特有の成分も混じっているのです。章の冒頭でふれた京都の東山三十六峰は、古生代（約５億４２００万～約２億５１００万年前）の地層に１億年前の花崗岩が貫入してできた山です。そのような古い花崗岩に濃集したラジウムが地下水に溶け出し、北白川で温泉として出てきているのです。これだけ古いともう花崗岩の熱はかなり冷めているはずですが、それでも地下水を沸かしているようです。

日本にいくつ温泉があるのかはわかりませんが、以前に地質調査所が発表した温泉一覧によると、母岩として花崗岩をあげているところが全体の６割ほどにのぼっていました。

温泉のほかに、この花崗岩の熱は地熱発電としても、日本のあちこちで利用されています。たとえば岩手県の葛根田地熱発電所には、非常に若く、まだ固まりきっていない花崗岩が地下にあり、約1000度の温度でこれから10万年から数十万年にわたって、熱が供給されると推定されています。

2011年の福島第一原発事故が起きてから放射線についての関心が高まり、土壌からの自然放射線も注目されはじめました。図3－7を見てもわかるように花崗岩が多く分布する瀬戸内海周辺は、たしかに自然放射線も日本の平均より高い数値を示します。ただし人体への影響を心配すべきレベルではありません。

自分も変化しながら上昇する

次は、ゆっくりと上昇するという特徴についてです。

地下深部で形成されたマグマが地表へ上がってくるとき、玄武岩質マグマであれば、割れ目を伝って一気に上昇することも可能です。しかし、花崗岩質マグマは玄武岩質マグマに比べて、きわめて粘性が高いために、そのような動きは難しいのです。水飴のように、べたべたした感じとでもいうのでしょうか。

熱容量が巨大な花崗岩質マグマは、ゆっくり時間をかけて、周りの岩盤を溶かしながら上昇し

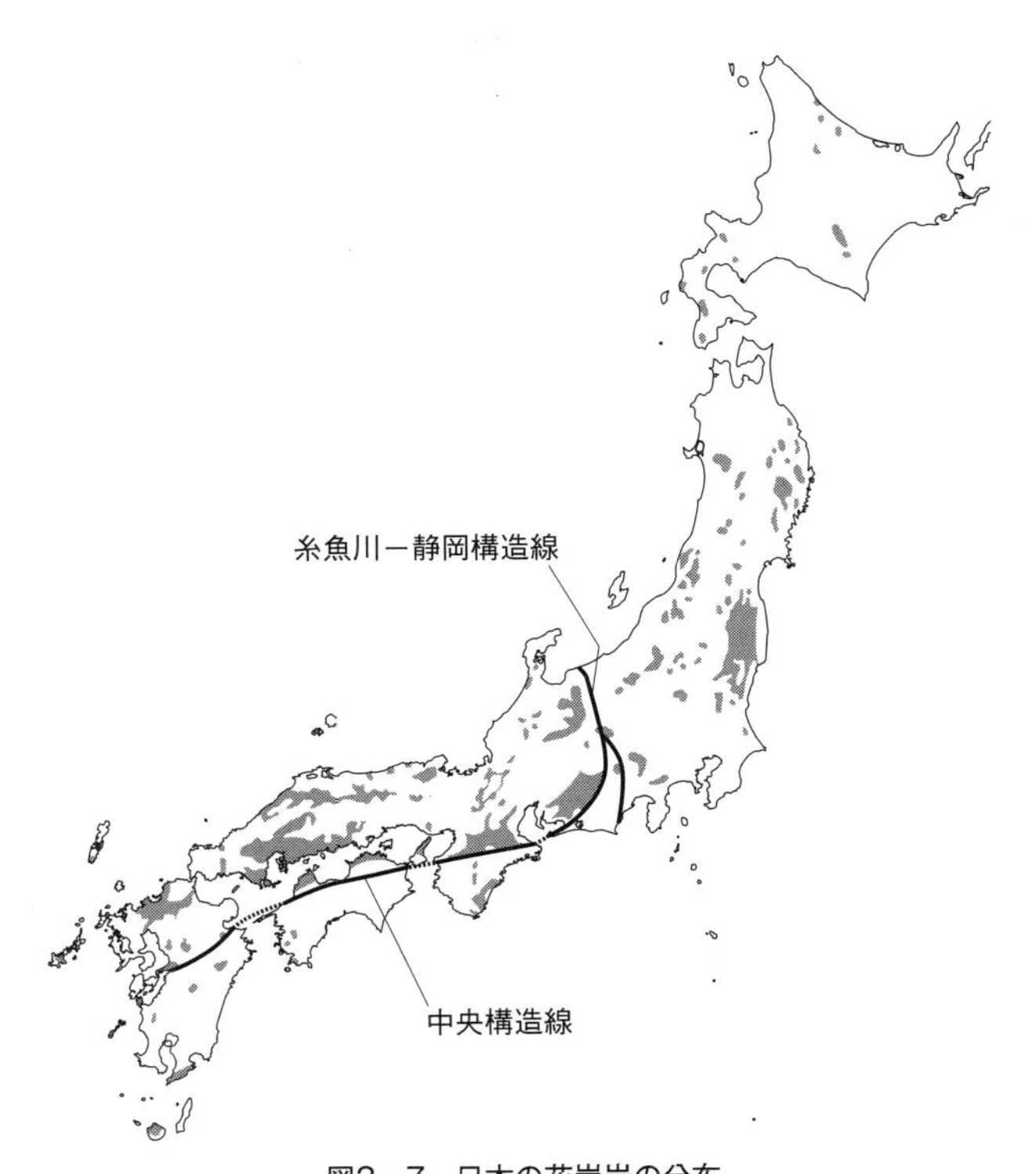

図3-7　日本の花崗岩の分布
2つの構造線に沿って、フィリピン海プレートの沈み込みによる前線型の花崗岩体が並んでいる

ていきます。その間に、周辺の岩石に熱的な影響を長時間かけて与えていきます。このような動きを「ストーピング」といいます。熱で膨張した表面の岩石には亀裂が入り、それがマグマに落ち込んで溶けていくため、マグマの組成にも影響を与えます。ストーピングによって花崗岩質マグマは自分自身も変化させながら上昇していくのです。

このように、巨大な岩体をゆっくりと冷やし、ゆっくりと上昇することで、花崗岩はさまざまな元素を内にとりこみ、さまざまな鉱物の結晶をのびのびと岩体の中で育てます。さながら鉱物の博物館のようです。それは、もろさ、風化しやすさにもつながるのですが、何とも大きな包容力を感じさせる石ではないでしょうか。

第4章

石のサイエンス

── 鉱物と結晶からわかること

避けては通れない話

三つの石のプロフィールはいかがでしたか。ほかの石の名前は極力出さないようにがんばって（それでもいくつかは出ましたが）書いてみましたが、それぞれのキャラクターが大ざっぱに、頭の中に描かれてきたでしょうか。

しかしここからは、ある程度の鉱物名や、元素名はやはり出さないわけにはいきません。というのも、ここまでのプロフィールには、それぞれの石を知るうえで大事な要素がごっそり抜け落ちているからです。それは、その石がどんな鉱物でできているか、どんな元素がどんな割合で含まれているか、といった、その石の組成に関する部分です。

石の色とか、硬さとか、岩相（顔つき）や手触りなどの性質は、当然ながらそういうところで決まります。だから、岩石を紹介する文章では、ふつうは真っ先に書かれているものです。

とはいえ、たとえば本書の第1章、橄欖岩のプロフィールのところでもし、「この石はおもに橄欖石、直方輝石、単斜輝石という三つの鉱物からなり、ザクロ石、スピネル、クロム鉄鉱、雲母、角閃石なども含まれます。おもな構成鉱物である三つの鉱物の割合によって、さらに細かい分類名がつけられています」などといきなり書かれていたら、みなさんは読む気がするでしょうか。よほどの石オタクでないかぎり本を投げ出し、「石ってややこしい」と嫌気がさしてしまうのではないでしょうか。それでは元も子もありません。だから、重要なことをあえて抜かした、いびつな恰好のプロフィールを先にご覧いただいたという次第です。

しかし、三つの石についてきちんと理解していただくためには、やはりこうした鉱物のレベルでの組成についての説明を、避けて通ることはできません。

でも大丈夫です。三つの石の輪郭をある程度は知っていただけたいまのみなさんなら、これからの話にもそう抵抗は感じないはずです。いろいろな鉱物の名前は出てきますが、一つ一つを無理に覚えていただく必要はありません。石の性質というものがどのようにして決まってくるのか、そして、どこが違うとどのように性質が変わってくるのか、といった、いわば「石の原理」を、あくまで大づかみにご理解いただければと思います。きっと「石っておもしろいな」とさらに感じていただけるはずです。

ここまでの用語の確認

まず簡単に、序章でも紹介した用語の確認をしておきましょう。

三つの石である橄欖岩、玄武岩、花崗岩は「岩石」です。本書ではここまでにほかに、蛇紋岩、オフィオライト、安山岩、デイサイト、流紋岩などの岩石が出てきました。

岩石をつくっている鉱物が「造岩鉱物」です。鉱物にはほかにさまざまな種類がありますが、本書で断りなく「鉱物」と書いてあれば造岩鉱物のことです。ここまでに出てきたのは橄欖岩をつくる橄欖石だけだったと思います。

一般には、岩石を「岩」、鉱物を「石」と呼ぶことが多く、実際に、岩石には「——岩」、鉱物には「——石」という名前がつけられています。ただし、石と岩に明確な区別はなく、本書でも岩石のことを石と呼んだり岩と呼んだりしています。もっとも、鉱物のことを岩とは決して言いません。石と岩の区別があるとすれば、そのあたりかもしれません。

すべての鉱物は「元素」からできています。造岩鉱物には、ほとんどの場合、ケイ素が含まれています。このような鉱物を「ケイ酸塩鉱物」といいます。

すべての鉱物は、いくつかの元素が幾何学的な配列でつながった「結晶」が集まってできています。ケイ酸塩鉱物の結晶は、酸素とケイ素が正四面体の形でつながったものを基本単位としていて（図0－3参照）、この正四面体がさまざまな形に集まってできています。

おさらいとしては、こんなところでしょうか。結晶のことなど、難しそうに思われているかもしれませんが、このあとをお読みいただければ自然と頭に入ってくるはずですので大丈夫です。

結晶とはなにか

岩石学、あるいは鉱物学というと、石ころを一つ一つ掘り返すいかにも泥臭い学問のように思われがちです。しかし、ひとたびミクロの結晶に目を向けると、きわめて数理的な法則が支配する、整然としたエレガントな世界が広がっています。

鉱物がもっているさまざまな性質――硬さ、色、模様、壊れやすさなど――は、すべて結晶によって決まります。性質が違えば、名前が変わります。つまり、鉱物の名前は結晶によって決まるともいえるのです。

では、まず結晶とはどういうものなのかを簡単に説明していきましょう。

結晶の「結」には、「ものを結び、つなぎあわせる」という意味があり、「晶」には「きらきらと明るく輝く」という意味があります。多くのみなさんが結晶と聞いてすぐに思い浮かべるのも、ダイヤモンドや水晶やヒスイのような、きらきらと美しく輝く宝石類でしょう。

しかし「結晶」という言葉に、雪の結晶のように、さまざまな幾何学的な形を思い出す人もいるでしょう。また、「愛の結晶」「血と汗と涙の結晶」のように、もろもろの事柄が凝縮されて、純度が高まったものの表現にもこの言葉が使われます。実はこれらのイメージも、鉱物の結晶によくあてはまっています。

結晶とは、ある物質を構成している原子や分子が、規則的につながった状態になっているもののことをいいます。結晶ができるのは、その物質が固体のときに限られ、気体や液体では結晶はできません。しかし、固体でさえあれば、ほとんどの物質は結晶になります。たとえば、私たちの身体をつくるタンパク質も、結晶にすることができます。さらには生物と無生物の中間とされるウイルスまでも、結晶化できることが実験で明らかになっています。結晶というと硬い鉱物を連想しがちですが、地球上のあらゆるものは、それが固体でさえあれば結晶になることができるのです。

では、結晶というものができるのはなぜでしょうか。それは、固体では物質を構成する原子や分子が近接していて、お互いに力をおよぼしあっているからです。その力とはお互いが引きつけあう力で、つまり引力です。原子や分子は互いの引力によって集まり、規則的な配列をつくるのです。原子や分子の組み合わせによって引力の強弱や方向には違いがあり、そのために結晶の形には幾何学的にさまざまなバリエーションが生まれます。

気体や液体では結晶ができないのは、原子や分子どうしの距離が離れすぎていて、お互いに引力をおよぼすことができないからです。

ただし、例外的に固体でも結晶ができないものがあります。たとえばガラスやプラスチックは固体ですが、原子や分子の集まり方はランダムで、まったく規則性がありません。それでも硬い固体の状態にあるのです。このような物質をアモルファス（非晶質）といいます。

では、造岩鉱物の結晶とはどのようなものなのでしょうか。この章ではまず、そのことを見ていきましょう。

共有結合とはなにか

最初に、もう一度確認しておきます。造岩鉱物のほとんどはケイ酸塩鉱物という種類であり、その基本構造は、酸素（O）原子4個とケイ素（Si）原子1個が結びついた正四面体の形をしています。その形が幾何学的であることから、この正四面体も結晶であると思ってしまいそうですが、それは間違いです。これは「結晶をつくるための基本単位」であり、「単位胞（たんいほう）」と呼ばれるものです。単位胞がいくつも規則的につながることでさまざまな結晶がつくられ、さまざまな造岩鉱物（つまりカレーの具材）ができるのです。以後はこの正四面体を、「SiO_4正四面体」と呼ぶことにします。酸素が4、ケイ素が1という比率は、この名前に表れています。

ただし、SiO_4正四面体で酸素とケイ素がくっついているのも、結晶の場合と同様に、近接する原子や分子の間にはたらく引力があるからです。では、この引力とはどのようなものかを、もう少しくわしく見ていきましょう。

原子や分子どうしがくっつくことを、「化学結合」といいます。中学校の理科でも習ったはずですが、覚えているでしょうか。化学結合には「共有結合」「イオン結合」「金属結合」などいろいろな種類がありますが、最も多いパターンは非金属どうしが結びつく「共有結合」です。

原子は、陽子と中性子からなる原子核のまわりを「電子」がまわっているという構造になっています（図4－1）。まわっている電子の数は、その原子の原子番号と同じです。電子がまわる軌道を「電子殻（かく）」といいます。電子殻はいちばん内側にK殻があり、その外側にL殻、さらにその外側にM殻……という具合に、二重、三重……になっています。それぞれの電子殻は入れる電子の定員数が決まっていて、K殻は2個まで、L殻は8個まで、M殻は18個までです。

酸素（電子数8）はK殻に2個、L殻に6個入っていて、ケイ素（電子数14）はK殻に2個、L殻に8個、M殻に4個入っています（図4－2）。

ところで原子には、二つの妙なこだわりがあります。
①いちばん外側の電子殻を、いつも定員満杯にしたい。
②いちばん外側の電子殻に、電子を8個入れたい。
すべての原子は、このどちらかの状態になりたいと、つねに強く望んでいるのです。しかし、それが実現できている原子はヘリウム、ネオン、アルゴンなど6種類しかありません（表4－1）。これらは「希ガス」といって、とても安定した、落ち着いたふるまいをする原子です。

それ以外の原子はすべて、願望をなんとか叶えて安定化したいと、必死になっています。そのために何をするかというと、最外殻の電子に余分な1個があればそれを放出したり、1個足りなければどこかから調達したりと、ほかの原子との間で電子のやりとりをするのです（図4－3）。

このやりとりの方法の一つが、共有結合です。たとえば、お互いに最外殻の電子が1個足りな

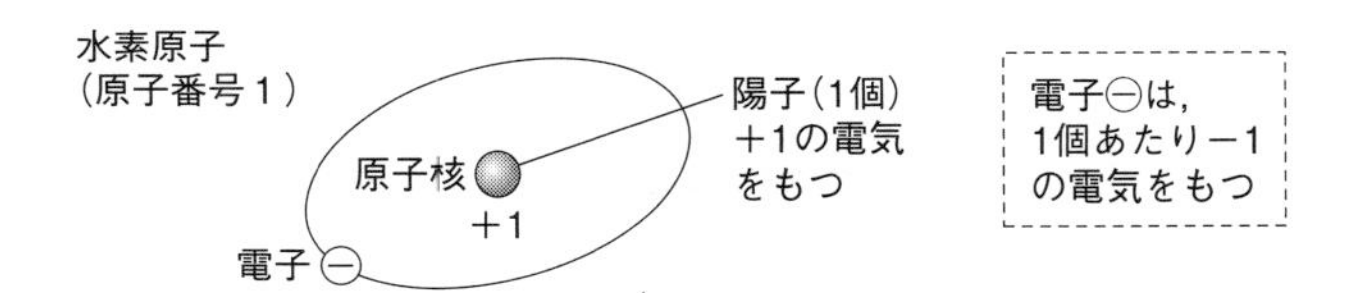

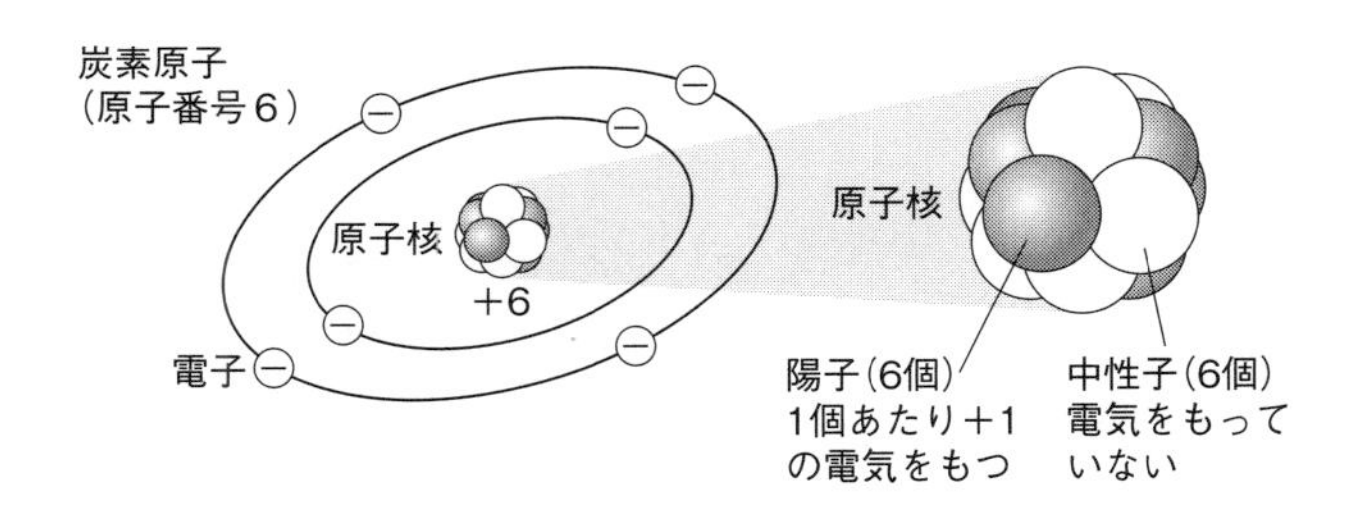

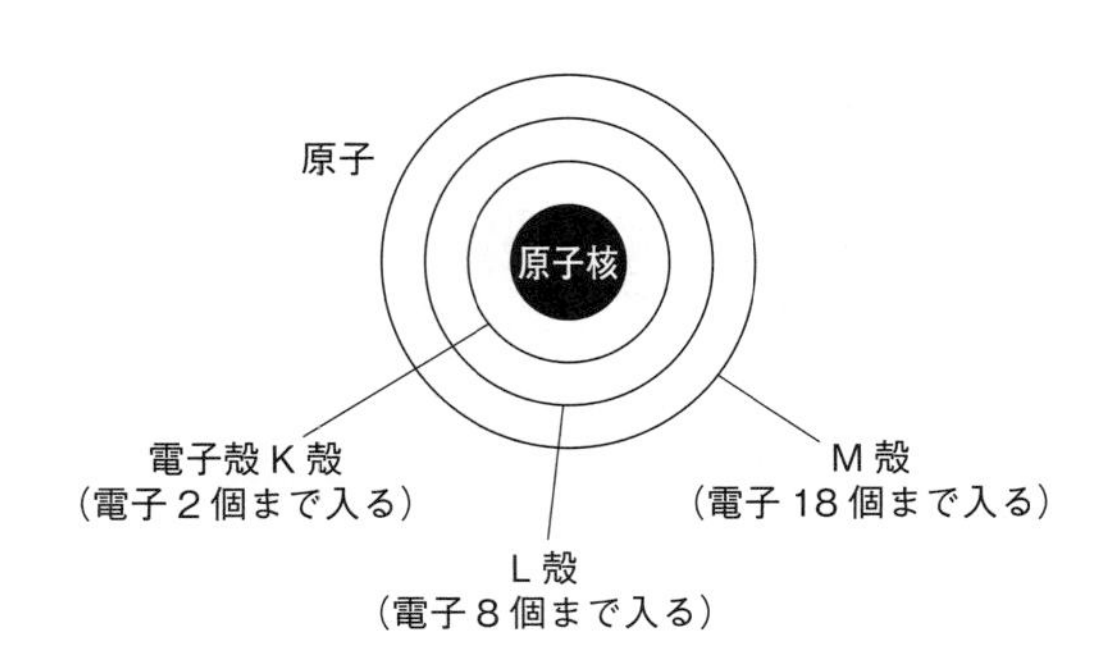

図4－1　原子の構造と電子殻
上：陽子と中性子からなる原子核の周囲を、原子番号と同数の電子がまわっている
下：電子の軌道となる「電子殻」は、電子が入れる個数が決まっている

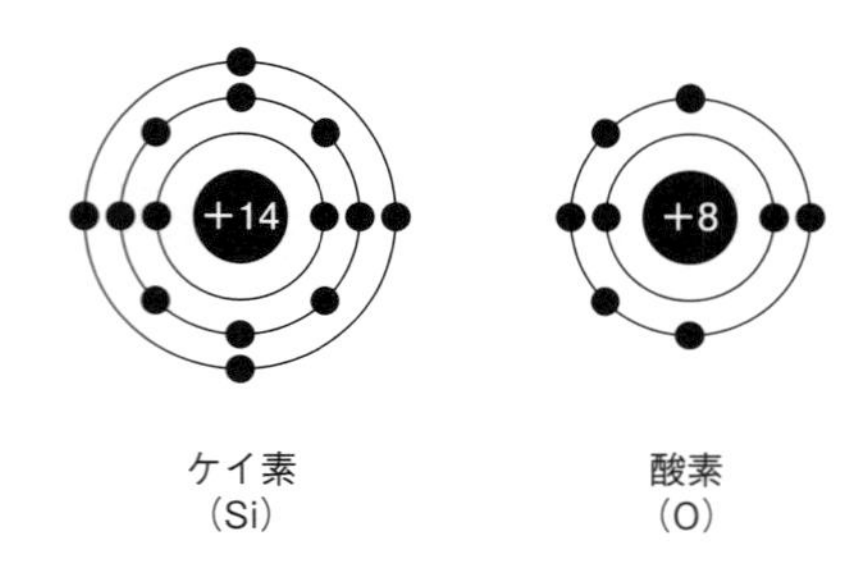

図4-2　酸素とケイ素の電子配置
酸素は8個、ケイ素は14個の電子をもっている

	電子数	K殻	L殻	M殻	N殻	O殻	P殻
ヘリウム(He)	2	2					
ネオン(Ne)	10	2	8				
アルゴン(Ar)	18	2	8	8			
クリプトン(Kr)	36	2	8	18	8		
キセノン(Xe)	54	2	8	18	18	8	
ラドン(Rn)	86	2	8	18	32	18	8

表4-1　希ガスの電子配置
電子数が安定している元素はこの6種類のみである

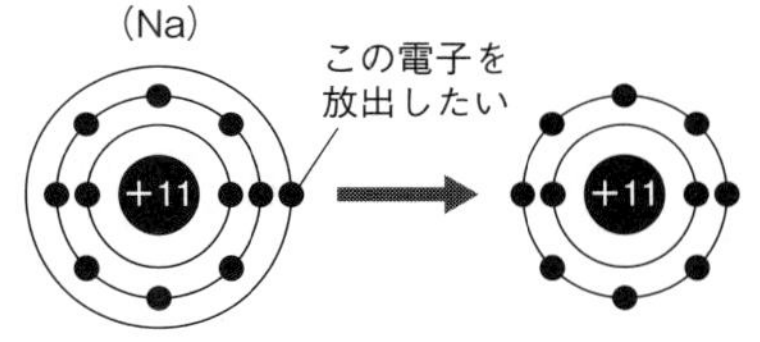

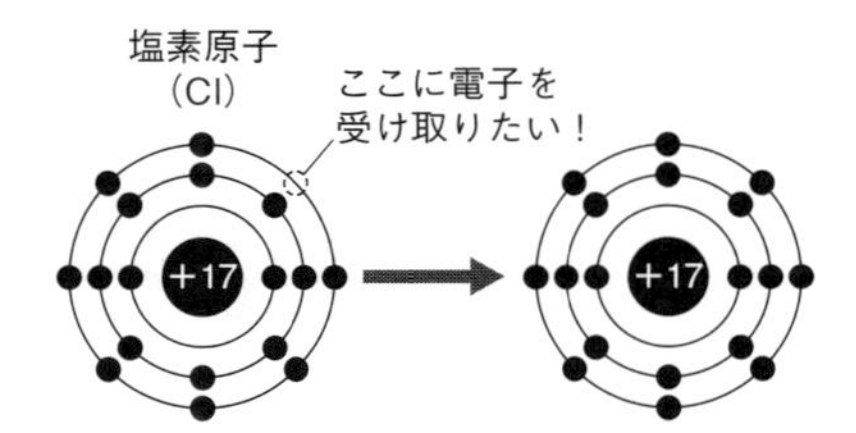

図4－3　安定を求める原子たち
最外殻の電子数が少ないと放出し、多いと受け取って安定しようとする

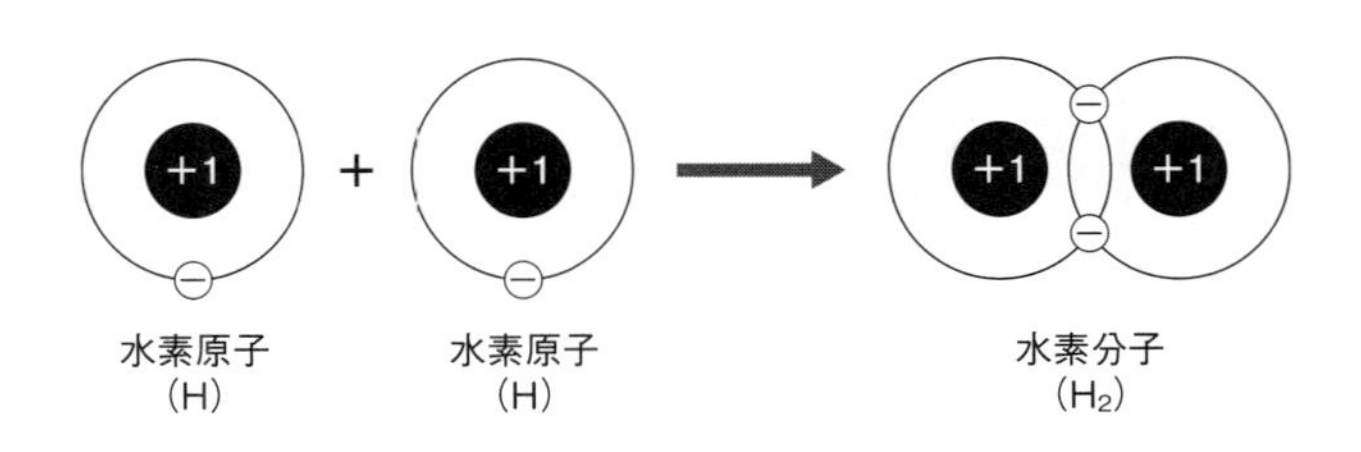

図4－4　共有結合
電子が1個少ない水素は、ほかの水素と結合して電子を共有し、数合わせをする（結合の相手は同じ元素でなくてもよい）

い原子どうしが結合することによって、自分の電子を相手の電子として、そして相手の電子を自分の電子として勘定できるようになり、それぞれが安定した状態になることができます（図4－4）。希ガスではない多くの原子たちは、つねに共有結合する相手を探し回っているのです。

いったんくっついてしまうと、共有結合は非常に強力な結合です。たとえば、2個の水素原子が共有結合した水素分子「H－H」が1mol（モル 重さは2g）あるとして、この結合を切るためには435kJのエネルギーを必要とします。これはなんと1Lの水を0℃から100℃にまで熱するのに必要なエネルギーと、ほぼ同等です。たった2gの水素分子も、これだけのエネルギーで結びついているのです。

SiO_4正四面体の共有結合

SiO_4正四面体も、共有結合を求める4個の酸素原子と1個のケイ素原子が結びついたものです。酸素原子は最外殻（L殻）に電子が6個ですから、あと2個入れば安定します。ケイ素原子は最外殻（M殻）に電子が4個ですから、あと4個で安定します。

ところが、その結果は少し不公平なことになりました。ケイ素原子のほうは、4個の酸素原子と最外殻の電子を1個ずつ共有することで、めでたく最外殻の電子は8個になりました。しかし、酸素原子のほうは、4個しかないケイ素の最外殻の電子を1個ずつ共有して、それぞれの最外殻に振り分けても、不足分は2個なので、まだ電子が1個足りないのです（図4－5）。

　結局、せっかく共有結合したにもかかわらず、SiO_4正四面体は全体としてはやはり、不安定なままなのです。SiO_4正四面体が単位胞（基本単位）となって造岩鉱物の結晶をつくるしくみは、実はここに重要なポイントがあります。

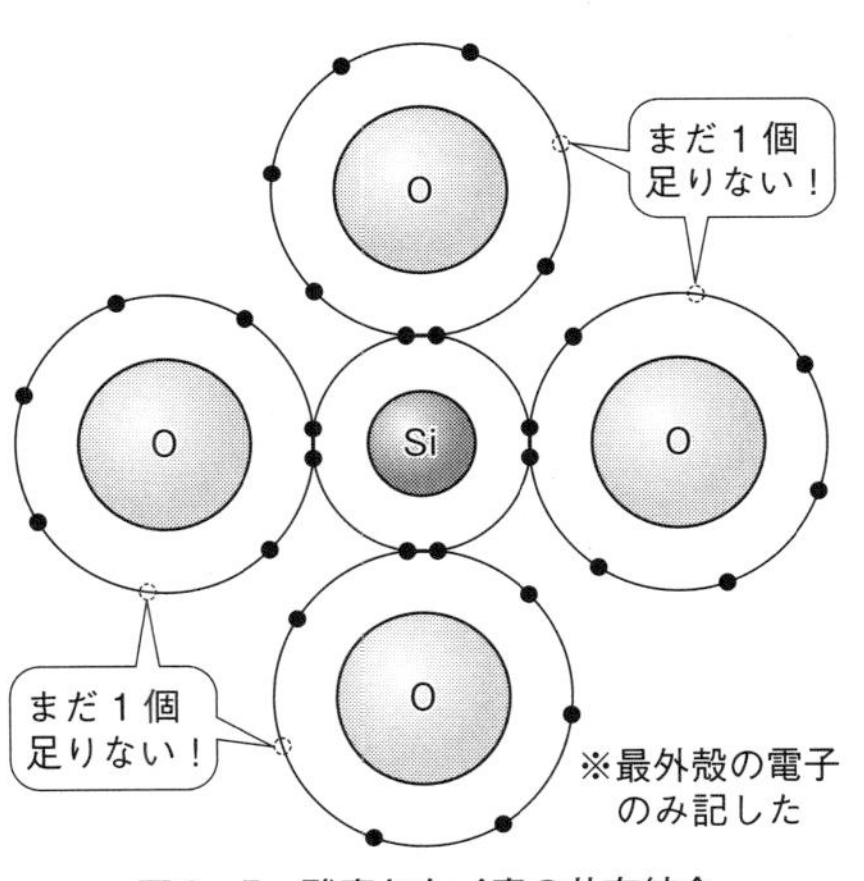

図4－5　酸素とケイ素の共有結合
４個の酸素原子と１個のケイ素原子が共有結合してSiO_4となる。４個の電子を共有することでケイ素は安定するが、酸素はまだ安定できない

　SiO_4正四面体の４個の酸素原子は、依然として安定化を求めています。それぞれがもう1個ずつ、L殻に電子を獲得するためには、二つの方法が考えられます。
　①SiO_4正四面体の酸素原子が、別の原子から電子を1個もらうか、別の原子と電子を共有する。
　②SiO_4正四面体の酸素原子が、ほかのSiO_4正四面体とケイ素原子を共有する。
　これらの方法によってSiO_4正四面体は、ほかの原子や分子とくっつき、さまざまな構造の結晶をつくります。それがさまざまな造岩鉱物となっていくのです。

「単独型」の橄欖石

では、結晶の構造に注目しながら、いくつかの造岩鉱物を紹介していきましょう。まずは、すでに名前はみなさんもご存じの、橄欖石です。マントルの中に存在し、橄欖岩のおもな造岩鉱物となっている美しい緑色の石であることはご記憶いただいていますね。

橄欖石の大きな特徴は、SiO_4正四面体の酸素原子がさきほどの①の方法、すなわち別の原子から電子を調達してくる形で安定化していることです。実はこのタイプの鉱物は少数派なのです。具体的には、マグネシウム（Mg）もしくは鉄（Fe）と結合することで電子を得ています。マントルを構成している元素は、多い順に酸素、マグネシウム、ケイ素、鉄です。つまり自身を構成している酸素やケイ素以外の元素とくっついているわけです。このときの酸素原子とマグネシウムや鉄との結合を「イオン結合」といいます。これは非金属と金属がくっつくときの結合とされています。イオン結合も、結合の強さはかなりのものです。

ここで、化学が苦手な方にはあまり歓迎されないであろう「イオン」という言葉について説明しておきましょう。ざっくりいえばイオンとは、その原子の電気的な性質のことです。図4-1で見たように原子は原子核と電子からできていて、原子核の中には陽子と中性子がありますこれらのうち、陽子はプラスの電気を帯びていて、電子はマイナスの電気を帯びています。中性子は文字どおり中性です。陽子と電子の電気が打ち消しあって、原子全体では電気的に中性を保っています。

ところが、これまで述べてきたように原子にはつねに安定化したがる性質があり、そのために最外殻の電子をふやしたり減らしたりします。すると陽子とのバランスが崩れ、原子全体では電子が多いときはマイナスの、電子が少ないときはプラスの電気を帯びるようになるのです。これを「イオン化」といいます（図4－6）。マイナスの電気を帯びた原子をマイナスイオン、プラスの電気を帯びた原子をプラスイオンといいます。

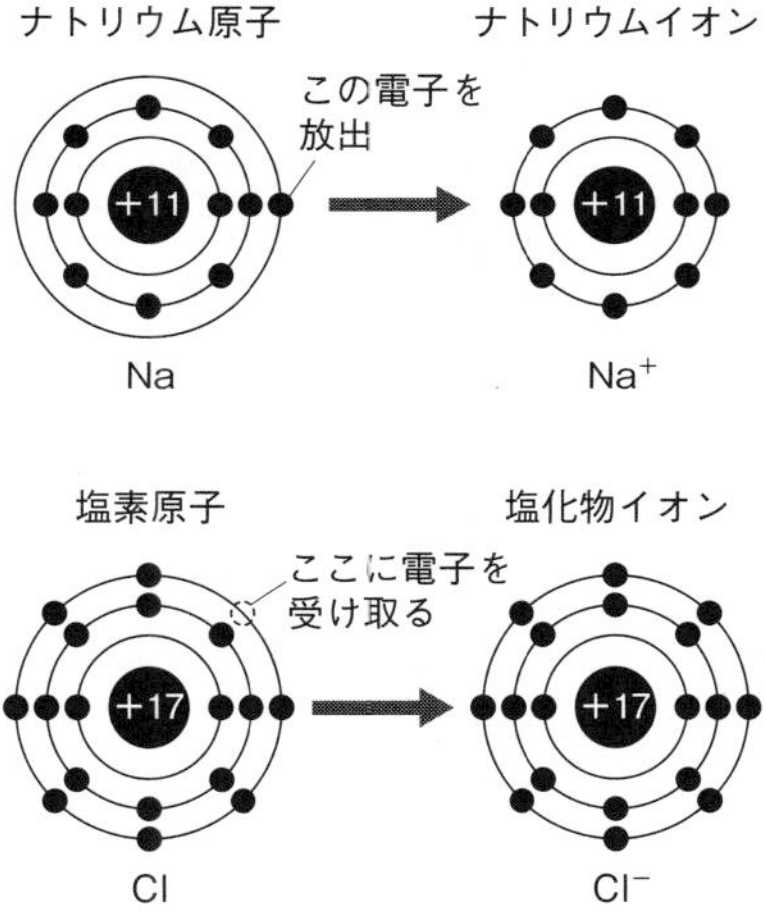

ナトリウム原子
ナトリウムイオン
この電子を放出
+11
Na
Na^+
塩素原子
塩化物イオン
ここに電子を受け取る
+17
Cl
Cl^-

図4－6　イオンのでき方
電子をやりとりすることでイオン化する

イオン結合とは、マイナスイオンとプラスイオンとがくっつく結合のことです。SiO_4正四面体は、全体としてはマイナスの電気を帯びています。したがって、くっつく相手はプラスの電気を帯びている必要があります。そ

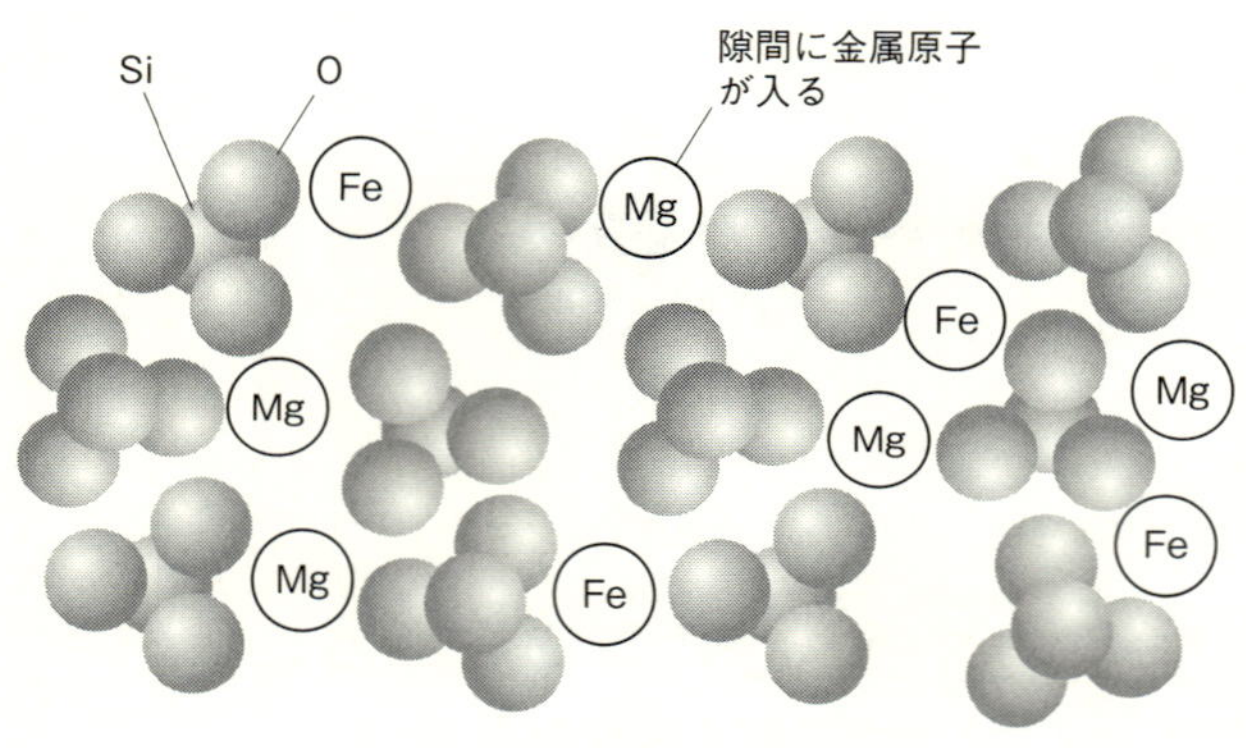

図4－7　橄欖石は「単独型」
SiO_4正四面体がばらばらに存在する。隙間にマグネシウムや鉄が入る

の点、マグネシウムも鉄も、最外殻には電子が2個しかなく、これを放出することで安定し、電気的にはプラスになっているので、相手として好都合なのです。

ただし、こう書いておいて言うのもなんですが、共有結合とイオン結合とは、実は厳密に区別することが難しく、ある結合がどちらに属するのかは一概には決められないことも多いのです。ですから、みなさんはどれが何結合か、などとはあまり気にしないでください。

いずれにしても、電気的にマイナスであるSiO_4正四面体に、電気的にプラスのなんらかの元素が結びつくという構成が、橄欖石にかぎらずすべての造岩鉱物の基本形なのです。

では、橄欖石をつくるマグネシウムもしくは鉄は、どのように結合しているのでしょうか。図4－7を見てください。まず、SiO_4正四面体が、単独でばらばらに存在しています。このあとほかの鉱物と比べればわかることですが、これが橄欖石の最大の特徴であり、「単独型」の結晶構造と呼ばれるゆえんです。こうした構造をもつ鉱物を「ネソケイ酸塩鉱物」といいます。「ネソ」とはギリシャ語で「島」という意味です。たしかにSiO_4正四面体はそれぞれ離れ小島のように独立していて、その隙間を埋めるように、マグネシウムもしくは鉄のイオンが存在しています。

このような構造の橄欖石は一見、すぐに崩れてしまいそうですが、マントルのある地下深くの非常に高い圧力にぎゅうぎゅうに押しつけられ、硬く結晶化しているのです。

「固溶体」のおおらかさ

ここまで読んで、少し気になっている方もいらっしゃるかもしれません。橄欖石はSiO_4正四面体が「マグネシウムもしくは鉄」とくっついたものというが、マグネシウムと鉄、どちらでもいいのか？　それはなんだか気持ち悪いというか、いいかげんなのではないか、と。

おっしゃることはよくわかります。しかし、そうなのです。橄欖石の場合、SiO_4正四面体とくっつくのはマグネシウムでもいいし、鉄でもよく、もちろん両者が混じりあっていてもかまわないのです。こういうことが許容されるのは、マグネシウムと鉄がどちらも電子を2個放出したプラスイオンであり、大きさ（イオン半径といいます）も同じくらいと、よく似ているからです。

とはいえ、似てさえいれば別の元素でもいいというのは、いかがなものかと思われて当然です。実はこの「いいかげんさ」にこそ、鉱物のある意味での本質があります。

造岩鉱物にかぎらず、鉱物は一般的に、成分が一つに決まっているものより、このように複数ありうるもののほうが多いのです。橄欖石の場合は二つの成分が許されるので、「2成分系」ともいわれます。そして、すべてマグネシウムのものから、少しずつ鉄が混じってすべて鉄になるまでの間でグラデーションをなしていて、両者の成分がどのような割合であっても、橄欖石とみなされるのです。グラデーションの両端にあるマグネシウムと鉄は「端成分(たんせいぶん)」と呼ばれ、SiO_4正四面体とマグネシウムのみからなる橄欖石を「フォルステライト」または「苦土(くど)橄欖石」、SiO_4正四面体と鉄のみからなる橄欖石を「ファイヤライト」または「鉄橄欖石」といいます。「苦土」とは酸化マグネシウムには苦みがあることからきたマグネシウムの和名です。

このように、成分が連続的に変わっていく鉱物を「固溶体」といいます。たとえば、これらを等量混ぜて、熱していくと、約1680℃ですべて液体になります。このどろどろの液体を冷やしていって結晶をとりだすときは、マグネシウムのほうが鉄より融点が高いので、フォルステライトが先に晶出してきます。そして温度が下がるにしたがい、ファイヤライトがふえていきます(図4-8)。しかし、マグネシウムと鉄がどんな割合であろうとも、橄欖石であることに変わりありません。そういう鉱物が固溶体なのです。

なお、マントルの中の橄欖石は、マグネシウムと鉄の比率が9：1くらいと考えられています。また、ペリドットという宝石にもなっている橄欖石の緑色は、マグネシウムが多いほど明るく、鉄が多いほど暗くなります。

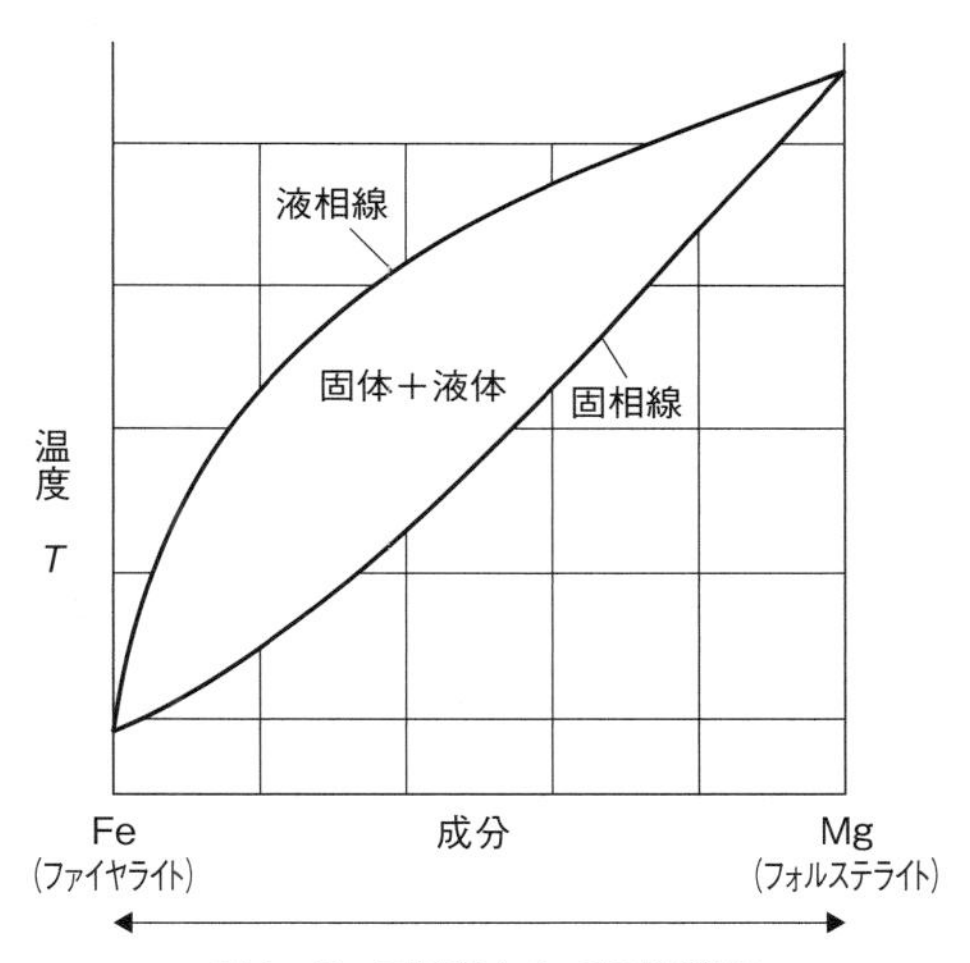

図4－8　固溶体としての橄欖石
温度によってマグネシウムと鉄の割合は変化するが、橄欖石であることには変わりない

いくつかの例外はありますが、造岩鉱物のほとんどは固溶体です。鉱物を構成する元素の種類は膨大な数になるにもかかわらず、造岩鉱物の種類はそれほど多くないのは、似て非なる成分を不純物としてではなく、主成分として受け入れてしまう固溶体の性質によるものなのです。

こうした鉱物の「おおらかさ」は、人間が研究をするうえでも鉱物を細かく分類する手間が省けるので助かります。もっとも、本当は鉱物がおおらかなのではなく、人間が成分の違いによる差異を過小評価しているだけなのかもしれませんが。

「単鎖型」の輝石

レンガ積みのような「単独型」の橄欖石は、結晶構造としては少数派であると述べました。では、そのほかの造岩鉱物の結晶はどのような構造になっているのでしょうか。

「輝石」は造岩鉱物としてはとても一般的な石です。石について書かれた本で、ここまで登場していなかったのがおかしいくらいです。SiO_4正四面体にマグネシウム、鉄、カルシウムなどが結合し、これらを端成分とする固溶体となっているものが多いのですが、輝石にはほかにもさまざまな種類があり、輝石族と呼ばれる集団を形成しています。

たとえばナトリウムとアルミニウムをプラスイオンとしてもつヒスイ輝石は、宝石の翡翠のもとになる美しい石です。そのアルミニウムがクロムに入れ替わると、最初に発見されたのが隕石からだったことで話題になったコスモクロア輝石の組成になります。やはり宝石にもなり、リチウムをとりだす資源ともなっているリシア輝石は、アルミニウムとリチウムからなります。組成のチューニングが変わるとさまざまなタイプが現れてきますが、どれも輝石です。これも輝石が固溶体だからです。

輝石の結晶構造を図4－9に示します。SiO_4正四面体どうしが、1個の酸素原子を共有して結合したものが、一本の鎖のように長くつながっているのがわかります。このような構造を「単鎖

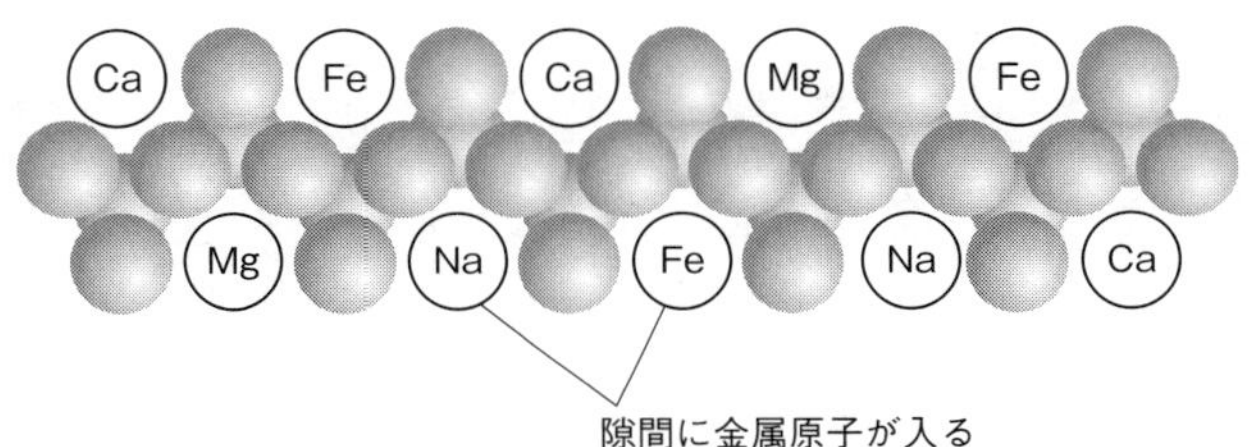

図４－９　輝石は「単鎖型」
SiO_4正四面体が酸素原子を１個ずつ共有し、１本の鎖のようにつながる。橄欖石よりケイ素の割合が大きい。隙間に多様な金属元素が入る

型」といい、この構造をもつ鉱物を「イノケイ酸塩鉱物」と呼んでいます。「イノ」とはギリシャ語で「鎖」という意味です。

この構造の重要な点は、SiO_4正四面体が隣どうしで共有する酸素原子を2分の1個と勘定すると、両隣が2分の1個になるので、一つのSiO_4正四面体がもつ酸素原子は都合3個になるということです。つまり、橄欖石のようなSiO_4正四面体が単独で存在する構造では酸素とケイ素の割合は４：１だったのが、３：１に変わるのです。すなわち、輝石のような鎖状の構造をもつことで、その鉱物中のケイ素の含有率が上がるのです。このことはあとで大きな意味をもってきますので覚えておいてください。

「複鎖型」の角閃石

やはり造岩鉱物の常連となっている石に「角閃石（かくせんせき）」があります。２０１２年、国際鉱物学連合というところは角閃石グループをなんと１８７種類に分類したそうです。石オタクの私もう

んざりするこのバリエーションは、マグネシウム、鉄、マンガン、カルシウム、カリウム、ナトリウム、フッ素、リチウムなどの多彩な元素の組みあわせによって生まれています。英語名の「amphibole」のもとは「紛らわしい」という意味のギリシャ語という説があるそうですが、それもうなずきたくなります。日本語名は1884年に玄武岩の名づけ親である小藤文次郎によって命名されました。表面にガラスのような光沢があることから「閃石」という名をもつ一連のグループがあり、その総称が角閃石、という程度の理解でよいかと思います。

グリーン系の美しい宝石になるものもあれば、第1章で紹介した蛇紋岩と同様に石綿（アスベスト）になるものまで、人間による使い道もまた、さまざまです。

角閃石は輝石によく似ているといわれていて、そこも紛らわしいところです。しかし、図4-10の結晶構造を見れば、輝石とはずいぶん違っているように思えます。

輝石の場合はSiO_4正四面体が両隣と酸素原子を1個ずつ共有して1本の鎖をつくっていましたが、角閃石ではその鎖が2本できて、くっついた構造になっているのです。共有する酸素原子の数は場所によって2個ないし3個となります。ケイ素の含有率は輝石よりさらに上がります。これを「複鎖型」の結晶構造といいます。ただし、結晶構造による分類名としては、これも輝石と同じイノケイ酸塩鉱物となります。

この構造を眺めていただければお気づきになるかと思いますが、鎖がつながったことで環のよ

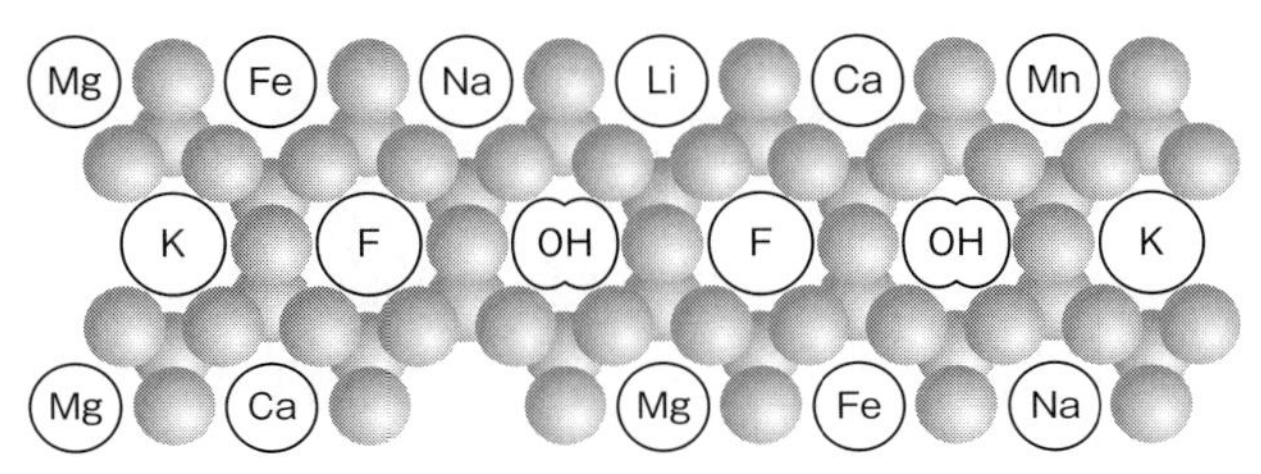

図4－10　角閃石は「複鎖型」

SiO_4正四面体が酸素原子を２～３個共有し、２本の鎖ができる。輝石よりケイ素の割合が大きい。空間にOHが入る含水鉱物である

うなものができて、真ん中にぽっかり空間ができています。実は角閃石では、この空間が重要な意味をもちます。ここに、ある「もの」が入れるようになるからです。

「単独型」の橄欖石にしても「単鎖型」の輝石にしても、SiO_4正四面体にくっつく元素は大きさが限られていました。というより、空きスペースに見合った、分相応なものだけがくっついていました。それがマグネシウムや鉄、カルシウムなどです。これらの大きさを表すには「イオン半径」という指標を用います。これらはみなイオン化しているために電気的な力がはたらき、中性のときの正味の原子半径とは、大きさが変化しているからです。だいたいは、電気エネルギーによって引き締められて、少し小さくなります。およそ、マグネシウムは０・７くらい、鉄は０・６くらい、カルシウムでも１・０くらいです。単位はÅ（オングストローム）で、１Åは10^{-10}mです。

ところが、結晶構造が変わり、大きな空間ができると、そこに大きなものが入るようになります。角閃石のバリエーション

が格段にふえたのはそのためです。そして、なかでも大きな意味をもつのが「OH」が入るようになったことです。OHは酸素と水素が結合した物質で、「水酸基」と呼ばれるものです。酸素のイオン半径は約1・3Å、水素のイオン半径は約1・5Å、これらがくっついたものがOHですから、いかに「巨大」かがわかります。では、このOHに水素が1個くっつくと、どうなるのでしょうか。そう、みなさんご存じの「H_2O」、水ですね。

つまり角閃石は、容易に水を生みだすことができる石なのです。溶けて分解されると、実際に水が出てきます。橄欖石や輝石からは、水は出ません。このことから、角閃石のようなOHをもつ鉱物は「含水鉱物」と呼ばれています。あとの章で述べますが、地球の進化を考えるうえで、含水鉱物は非常に重要です。そして、水を含むか否かの境目は、結晶構造によってつくられる空間の大きさにあるのです。

「平面的網状型」の雲母

代表的な造岩鉱物の結晶構造をもう少し見ていきましょう。次は「雲母」です。この石は何かと特徴が多く、それが名称にも反映されています。

まず、きらきらとした光沢があることから、古来、「きら」「きらら」とも呼ばれていました。愛知県吉良町（現・西尾市）など、地名に「きら」がつく場所では雲母がよく採れたともいわれています。京都にも、比叡山に登る途中に、雲母がきらきら光る「きらら坂」（雲母坂）という坂があります。

また、絶縁体として有用であり、そのために使われるときは英語に由来する「マイカ」という名前で呼ばれています。

さらに雲母には「千枚はがし」という異名もあります。これは雲母の結晶がきわめて薄く、何枚も層状に重なっていて、一枚ずつ簡単にはがせてしまうことからきています。子どもの頃に山に出かけて見つけた雲母で、そうやって遊んだ方もいらっしゃるのではないでしょうか。

このように特徴的な鉱物の結晶構造は、いったいどうなっているのでしょうか。図4－11を見てください。

隣りあうSiO_4正四面体が、酸素原子を3個、共有しています。もはやイノケイ酸塩鉱物の鎖のような一次元的なつながりではなく、平面を構成する二次元的なつながりになっています。このような結晶構造を「平面的網状型」といい、こうした構造をもつ鉱物を「フィロケイ酸塩鉱物」といいます。「フィロ」はギリシャ語で「葉」という意味です。やはり分子間の隙間は大きな空間になっていて、OHを受け入れることができますので、雲母も含水鉱物です。

この平面的な結晶はどこまでも広くつながっていくことも可能ですが、厚さはきわめて薄く、分子1個の厚みしかありません。1㎜の1000分の1の、さらに1000分の1というオーダ

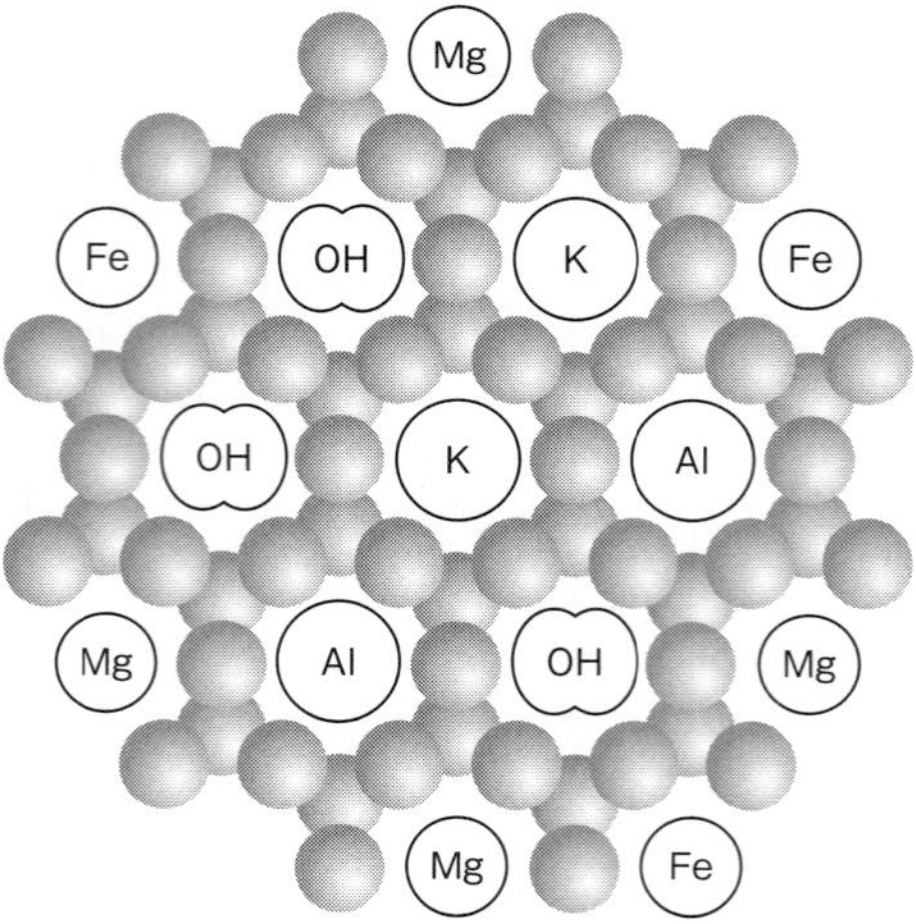

図4－11　雲母は「平面的網状型」
SiO_4正四面体が酸素原子を３個共有し、２次元的な網状につながっている。角閃石よりケイ素の割合が大きい。空間にOHが入る含水鉱物である

ーです。したがって垂直方向の力がかかるときわめてもろく、とても鉱物とは思えないくらい簡単に曲がったりはがれたりしてしまうのです。

　また、共有される酸素原子の数がイノケイ酸塩鉱物よりもふえるので、結晶全体に占めるケイ素の割合はさらに大きくなります。

　雲母には「白雲母」「鉄雲母」「金雲母」など多くの種類があります。イオン半径が大きいカリウムやアルミニウムが主体の白雲母は、透明あるいは白っぽい結晶が大きく育ちます。絶縁体として利用されるのはこの雲母です。鉄雲母と金雲母は白雲母にマグネシウムもしくは鉄が加わった固溶体で、端成分の鉄が多いほうは黒っぽい鉄雲母に、マグネシウムが多いほうは黄色っぽい金雲母になります。その中間に「黒雲母」という文字どおり黒い雲母もありますが、これは現

在では、正式な種類とはされていないようです。

「立体的網状型」の石英と長石

結晶構造がついに三次元的な立体に進展したものが、「石英」や「長石」です。どちらも、4個の酸素原子をすべて隣接するSiO_4正四面体と共有しています。したがって酸素原子は事実上、2個となり、SiO_2（二酸化ケイ素）の結晶とみなされるようになります。このような結晶構造を「立体的網状型」といい、こうした構造の石を「テクトケイ酸塩鉱物」と呼びます。「テクト」はギリシャ語で「建設者」という意味です。

さすがにこうなると、ちょっと図に示すのは難かしいので省略させていただきますが、この構造では、鉱物全体の酸素とケイ素の比率は2：1となります。ケイ素の含有率は最初に見た橄欖石と比べると、2倍になっています。

また、この構造は雲母と違ってどの方向の力にも強く、簡単に割れることはありません。一方では、緊密な立体構造となったことで分子間の隙間は小さくなり、OHは入り込めなくなるので石英や長石は含水鉱物ではありません。

では、石英と長石それぞれの特徴について簡単にふれておきましょう。

石英の身近な例としてわかりやすいのは、砂浜や砂漠の白くてさらさらとした砂です。その大きな特徴は、これまで見てきたほかの鉱物のように固溶体ではないことです。つまり、隙間が小さくなったことでほかの元素が入り込む余地が少なくなり、おもに酸素とケイ素のみでできているのです。だから石英は無色透明に近く、とくに純度が高いものは宝石の水晶となります。これは一般的にいえることですが、結晶構造の隙間が大きいほどほかの元素が入り込む余地がふえ、鉱物の色は濃くなります。宝石のアメジストは、石英に微量の鉄が入り込んで美しい紫色となったものです。

長石はほとんどの岩石に含まれていて、造岩鉱物のなかでは最も存在量が多い鉱物です。色はほとんどが白色ですが、石英ほど純度は高くなく、ほかの元素が入り込んでいる固溶体です。

これまで見てきた固溶体は、端成分が二つの2成分系でしたが、長石の特徴として、端成分を三つもつ「3成分系」であることがあげられます。ナトリウム、カルシウム、カリウムです。ナトリウムが多い長石を「曹長石」、カルシウムが多い長石を「灰(かい)長石」、カリウムが多い長石を「正長石」といいます。曹長石と灰長石をまとめて「斜長石」といいます。また、正長石は「カリ長石」とも呼ばれます。

とくに斜長石は地殻をつくる最も重要な造岩鉱物で、地球だけではなく月の高地でも見つかっています。

ケイ素をもたない造岩鉱物

ここまで、橄欖石、輝石、角閃石、雲母、石英、長石と、代表的な造岩鉱物を結晶構造の違いに注目しながら見てきました。実はこれだけ押さえれば、造岩鉱物についてはもうほぼマスターしたといっても過言ではありません。ほかにも鉱物の名前はいくらでもありますが、ほとんどは固溶体のバリエーションを細かく命名したものにすぎないのです。いかがでしょう？　手ごわく思えた石の名前も、意外にすんなりと頭に入ってきたのではないでしょうか。そう感じていただけていたら、私としてはうれしいかぎりなのですが。

では最後に、ちょっと例外的な造岩鉱物を紹介して、この章を終えることにします。

これまでは、造岩鉱物はSiO_4正四面体を基本骨格とするケイ酸塩鉱物であるという前提で話をしてきました。それはそのとおりなのですが、なかには変わり者もいて、ケイ素をもたない造岩鉱物というものも存在するのです。これには二つのタイプがあります。

一つは、鉄が酸化したものです。たとえば「磁鉄鉱」は鉄の酸化が最も進んだ鉱物ですが、火成岩の中にふつうに含まれています。そして、強い磁性をもっています。つまりは磁石です。また、「チタン鉄鉱」はチタンを含む磁鉄鉱の一種で、やはり火成岩の成分となり、きわめて弱い磁性をもちます。次の章で述べますが、これらは花崗岩の性質と重要な関係があります。

もう一つは、アルミニウムが酸化したものです。実は造岩鉱物の基本形のはずのSiO_4正四面体では、真ん中に位置するケイ素が、アルミニウムに入れ替わってしまうことがあります。つまり、AlO_4正四面体になってしまうのです。なんだそりゃ、と思われるかもしれませんが、ケイ素とアルミニウムはそもそも似ていて、そういうときは平気で入れ替わることがあるのです。これも石の世界ならではの「いいかげんさ」といえるでしょうか。結果としてできあがったアルミニウムの酸化物を「スピネル」といいます。尖晶石とも呼ばれます。スピネルは赤や青の美しい宝石になります。

磁鉄鉱、チタン鉄鉱やスピネルなどは、「酸化鉱物」という分類名でひとくくりにできます。ケイ酸塩鉱物のほかに、こういう造岩鉱物もあるのです。

第5章

三つの石と家族たち

―― 火成岩ファミリーの面々

三つの石は何からできているか

ようやく造岩鉱物を紹介することができて、三つの石について、その組成を語れるようになりました。何度も同じたとえで恐縮ですが、造岩鉱物はカレー鍋でいえば「具材」です。何が入っているかがわからなければ、ビーフカレーなのかチキンカレーなのかもわかりません。でも、ひととおり具材の名前が頭に入ったいまなら、みなさんもそのカレーの味が想像できるようになっているはずです。

ではあらためて、三つの石はどんな造岩鉱物からできているかに注目しながら、それぞれの特徴を見ていきましょう。まずは、橄欖岩です。

マントルをつくっている橄欖岩は、おもに橄欖石と輝石からなります。岩石に鉱物がどのような割合で入っているかを示す数値を「モード」といい、モード橄欖石が60％以上の岩石を橄欖岩と呼んでいるのです。モード橄欖石90％以上の橄欖岩は、第1章でも述べたようにダナイトとも呼ばれています。

なお、橄欖岩をつくる輝石には、「直方輝石」と「単斜輝石」があります。橄欖岩の紹介文のほとんどには、こう記載されています。「直方」とか「単斜」とかいうのは、「結晶系」と呼ばれる結晶の分類です。大ざっぱにいえば、1個の結晶が収まるスペースを「結晶格子」といい、結晶格子は、一つの頂点で交わる三つの辺の角度によって、七つの形に分類されます。「三斜晶系」「単斜晶系」「直方晶系」「六方晶系」「三方晶系」「正方晶系」「立方晶系」です。これを七晶系といいます。つまり直方輝石とは「直方晶系の輝石」のことで、単斜輝石とは「単斜晶系の輝石」のことなのです。

この分類は、つくられる結晶が直方体か、立方体か、そのどちらでもない六面体か、などを分けるものです。鉱物に光を通したときに偏光顕微鏡でどのように見えるか、といったことにも関係してきます。しかし、本書の内容を理解するためにはほぼ必要ないうえに、石の名前がさらにややこしくなりますので、みなさんは気にしなくて結構です。以後は、本書では鉱物名からこれらの言葉は省きます。最後まで読んでいただいたあとで、もう少し石について知りたいと思われたら、結晶系のことも調べてみてください。

さて、次は玄武岩です。海洋地殻をつくり、すべての火成岩のもとになる「本源マグマ」とも呼ばれるこの石をつくる造岩鉱物は、橄欖石、輝石、斜長石、磁鉄鉱などです。まれに、角閃石や石英を含むこともあります。橄欖岩とは「親子」のはずですが、組成はずいぶんと多彩になっていますね。

そして大陸地殻をつくり、しばしば巨岩となって現れる花崗岩は、おもには石英と、斜長石や正長石からできています。しかし、第3章で述べたようにゆっくり冷える花崗岩はとても懐が深

岩　石	おもな造岩鉱物
橄欖岩	橄欖石　輝石
玄武岩	橄欖石　輝石　斜長石　磁鉄鉱（角閃石）
花崗岩	石英　斜長石　正長石　角閃石　雲母（磁鉄鉱　チタン鉄鉱）ほか

表5－1　三つの石を構成するおもな造岩鉱物

く、微量ですがさまざまな鉱物を受け入れるので、一概にこれが花崗岩だというのは難しいところがあります。酸化鉱物である磁鉄鉱やチタン鉄鉱を多く含むものもあります。

三つの石をつくっている主要な造岩鉱物を、あらためて表5－1にまとめました。どれも第4章で紹介したものです。こうした組成を見ながら、それぞれの石にはどのような特徴があるのかを推理するのも、石の面白さのひとつです。

「色」を比べる

ここからは三つの石を、さまざまな観点で比較してみることにします。まずは、肉眼で観察したときの色を比べてみましょう。

岩石の「色」という場合、ふつうは黒っぽいか、白っぽいかということがポイントになります。それを左右するのは、それぞれの岩石をつくる造岩鉱物です。

大ざっぱにいえば、造岩鉱物はケイ素が少ないほど黒っぽくなり、ケイ素が多いほど白っぽくなります。第4章で、SiO_4正四面体がばらばらに存在する橄欖石はケイ素と酸素の割合が１：４であり、隣どうしで酸素を共有結合する数がふえるとともにケイ素の割合がふえていき、四つの頂点を共有する石英や長石では１：２になると述べました。いま、そのことを思い出して、ケイ素の割合が少ない橄欖石は黒っぽく、ケイ素の割合が多い石英や長石は白っぽいのだろうなと考えた方は、おみごと、そのとおりです。

また、マグネシウムや鉄など、ケイ素以外の元素を多く含むほど、造岩鉱物は黒っぽくなります。第４章では、橄欖石や輝石はマグネシウムや鉄を多く含み、さらに角閃石や雲母は結晶構造に大きな空間があくためにほかの元素を中に取り込みやすいという話もしました。それを思い出して、これらの鉱物は黒っぽいのだろうと考えた方も正解、すばらしいです。

黒っぽい造岩鉱物を「有色鉱物」、白っぽい造岩鉱物を「無色鉱物」といいます。橄欖石、輝石、角閃石、雲母は有色鉱物で、石英や長石は無色鉱物です。有色鉱物を多く含む岩石は黒っぽい色になり、無色鉱物を多く含む岩石は白っぽくなります。

以上のことから、有色鉱物を多く含む橄欖岩や玄武岩は黒っぽく、無色鉱物を多く含む花崗岩は白っぽいことがわかります。橄欖岩や玄武岩のような黒っぽい岩石を「優黒色岩」、花崗岩のような白っぽい岩石を「優白色岩」ともいいます。

図5－1　橄欖岩の薄片の顕微鏡写真

「組織」を比べる

人間の生きざまが顔に出るように、岩石も、そのできあがるまでのプロセスが岩相というかたちで模様に現れます。

橄欖岩は地下深くでゆっくりと時間をかけて結晶化し、マントルとなった石です（分類としては、深成岩でもあり、変成岩でもあります）。そのため、一つ一つの結晶が大きく、のびのびと同じサイズに育って集合体をなしています。このような組織のことを等粒状組織といい、花崗岩の組織がそうであることは第3章で述べましたが、橄欖岩も同様です。ここでは、橄欖岩の組織を厚さ30μm（マイクロメートル）くらいに薄切りにした薄片の顕微鏡写真をご覧いただきます（図5－1）。

図5－2　玄武岩の薄片の顕微鏡写真

また、第4章で述べたように橄欖岩の主成分である橄欖石はSiO_4正四面体が単独でばらばらに存在しているネソケイ酸塩鉱物であるため、水などによって変質しやすく、橄欖岩は地上ではほとんどが蛇紋岩となって現れています。

一方で、玄武岩はマグマが急速に冷えて固まった火山岩です。こうした石では、比較的大きな黒っぽい斑点のような石を、細かい結晶やガラス質のものが囲んでいるような模様が見られます。これは、マグマができるよりはるか以前に結晶になっていた橄欖石の周辺を、マグマが冷えて晶出してきた斜長石や輝石が取り囲んだものです。このような模様を「斑状組織」といいます。その薄片の顕微鏡写真もご覧ください（図5－2）。

また、火山岩では、マグマが流れた痕跡が残されていることもあります。細かい針のような結晶が、

図5－3　花崗岩の薄片の顕微鏡写真

一方向にそろって伸びているような模様になります。このような組織を「流理組織」といいます。

花崗岩には第3章で述べたように、地殻が溶けたマグマからできたIタイプと、堆積岩が変成してできたSタイプとがありますが、どちらも大きな結晶をもつ等粒状組織を示します。図5－3は薄片の顕微鏡写真です。さまざまな鉱物が混ざり合っていることが特徴的で、きらきら光る雲母や石英があれば、光を通さない磁鉄鉱もあり、という寄せ集めのような状態です。これが花崗岩のもろさや風化しやすさにつながっています。また、花崗岩には磁鉄鉱を多く含むタイプと、チタン鉄鉱を多く含むタイプがあります。磁鉄鉱を多く含むものは、磁石を近づけるとくっつきます。砂鉄を採ったり、日本に弥生時代から伝わる「たたら製鉄」という鉄の製法に用いられたりしたのも、このタイプの花崗岩です。

「粘性」を比べる

さきほども述べたように、三つの石はそれぞれの造岩鉱物が含むケイ素の割合に違いがあり、それが色の違いにもなっています。ケイ素が少ない有色鉱物を多く含む橄欖岩や玄武岩は黒っぽく、ケイ素が多い無色鉱物を多く含む花崗岩は白っぽくなっています。

地球の岩石にとってケイ素は非常に重要な元素であり、その含有量によって、岩石の性質は大きく左右されます。たとえば岩石を二酸化ケイ素（SiO_2：以下、シリカと呼びます）の占める割合によって、45～52％未満のものを「塩基性岩」、52～66％未満のものを「中性岩」、66％以上のものを「酸性岩」と呼んで分類する方法があります。三つの石をこれにあてはめると、塩基性岩が玄武岩、酸性岩が花崗岩であり、橄欖岩は塩基性岩よりもシリカが少ない「超塩基性岩」となります。シリカが少ないほど、鉄やマグネシウムなどの金属元素の割合が多くなります。

ただし、ここでいう塩基性や酸性とは、化学の実験などでよくいわれるものとは違います。岩石にリトマス試験紙をつけても色が変化するわけではありません。紛らわしいので、近年では酸性岩を「ケイ長質」、塩基性岩を「苦鉄質（くてつ）」と呼んだりしています。要するに、岩石は含まれるシリカ、すなわちケイ素の割合によって区別されていると思っていただければ十分です。

塩基性岩ほど黒っぽく、酸性岩ほど白っぽくなることはすでにおわかりかと思いますが、シリカの割合は、さらに重要な性質に影響します。それは「粘性」です。

粘性とは、第2章でも少し述べましたが、マグマの流れやすさです。粘性が高いほどべとべとして流れにくく、粘性が低いほどさらさらと流れやすくなります。そしてマグマの粘性は、含まれるシリカの割合によって大きく左右されるのです。シリカが多い酸性岩ほど粘性は高く、シリカが少ない塩基性岩ほど粘性は低くなります。いったいなぜでしょうか？

ここでも、SiO_4正四面体のつながり方を考えることで理由を説明することができます。酸性岩を構成する造岩鉱物は、ケイ素が多い石英や長石です。これらはSiO_4正四面体が酸素の頂点を4つ共有する立体構造をとっています（テクトケイ酸塩鉱物でしたね）。この構造が非常にしっかりしているために、マグマは形を変えにくく、つまり粘性が高くなり、流れにくくなるのです。その一方で、塩基性岩を構成する橄欖石、輝石、角閃石、雲母は、石英や長石ほどSiO_4正四面体どうしの結合が強くないうえに、隙間にマグネシウムや鉄などの金属元素をはさんでいて、さらに結合が切れやすくなっています。そのためにマグマは形が変わりやすく、粘性が低くなり、流れやすくなるのです。すでに述べたように玄武岩がさらさらと流れるのは、シリカが少なく粘性が低いからであり、花崗岩が地表にゆっくりと上昇するのは、シリカが多く粘性が高いから、というわけです。

こうしたマグマの粘性の違いは、火山の噴火と形状も左右します（図5－4）。粘性が高いマグマを出す噴火は爆発的なものになり、溶岩が盛り上がったドーム型の火山ができます。日本では雲仙普賢岳や昭和新山がその例です。粘性が低いマグマを出す噴火は川のような流れとなり、なだらかで裾野の広い火山をつくります。第2章で述べたハワイのキラウエア火山や、日本の富

図5－4　マグマの粘性の違いによる火山の形状の違い
上：粘性が高い雲仙普賢岳
中：粘性が高い昭和新山
下：粘性が低い三原山

士山や三原山、伊豆大島などがその例です。

「密度」を比べる

シリカの割合の違いは、石の密度にもかかわってきます。シリカが多いほど密度は小さく、シリカが少なくなるほど密度は大きくなるのです。

おもな造岩鉱物の密度は、次のとおりです(以下、単位はすべてg／㎤)。輝石3・3、角閃石3・3、橄欖石3・2、雲母2・8、石英2・7、長石2・6。塩基性岩の造岩鉱物のほうが、酸性岩の造岩鉱物よりも密度が大きいことがわかります。これは鉄やマグネシウムなどの金属元素を多く含んでいるからです。なお磁鉄鉱の密度は5・2です。

したがって、岩石の密度も塩基性岩ほど大きく、酸性岩ほど小さくなります。三つの石を比べると、橄欖岩はあらゆる岩石の中でも密度は最大級で、3・3〜3・5です(ただし水と反応して蛇紋岩になると2・6)。手に持ってみると、ずっしりと重さを感じます。

玄武岩は2・8〜3・1。岩石の中では密度が大きいほうです。花崗岩は2・5〜2・8。こちらは岩石の中では密度は小さいほうです。この玄武岩と花崗岩の密度の違いが、地球進化において大きな意味をもってくるのです。

	花崗岩	玄武岩	橄欖岩
シリカ(SiO_2)	多い(酸性岩)	少ない(塩基性岩)	少ない(超塩基性岩)
色	優白色岩	優黒色岩	優黒色岩
組　織	等粒状組織	斑状組織	等粒状組織
粘　性	高い	低い	
密　度	小さい	大きい	大きい

表5－2　組成から見た三つの石の比較

ところで、自然界に存在している銀の密度は10・5、金は15・2～19・3です。橄欖岩と比べて銀は3倍、金は5倍以上にもなります。人間が珍重する理由がわかりますね。

三つの石を比較しながら、それぞれの特徴を紹介してきました。もう一度、その内容を表5－2にまとめておきます。ふつうの本ではこれらの話が最初にきているところを、本書ではあえて変則的な順番にしていますので、第1章から第3章までをもう一度ながめ返していただくと、それぞれの石についてのイメージがより立体的になってくるのではないかと思います。

中学校で習う「六つの石」

ここまで読んでいただいたみなさんには、石を理解するコツがかなり身についてきています。初めて名前を見る石でも、造岩鉱物やそれを構成する元素、そしてSiO_4正四面体のつながり方を手がかりにすれば、その性格が推理できることはもう会得されたでしょう。

せっかくですからこの勢いで、もう少し石の名前にふれてみましょう。ちっとも難しいことはありません。というより、もうご存じの方も多いかもしれません。

中学校の理科では、少なくとも次の六つの石の名前を覚えることになっているようです。

「玄武岩」「安山岩」「流紋岩」「斑糲岩」「閃緑岩」「花崗岩」

いかがでしょう。本書で初登場の石は二つですが、かつて習った記憶が蘇りましたか？

中学校の教科書では斑糲岩、閃緑岩は「はんれい岩」「せんりょく岩」と表記されますので、こんなものものしい字面は初めて見た、という方が多いかもしれませんね。

ここからは、この二つの石の紹介とともに、もし私が理科の先生だったら、中学校で「六つの石」についてどう教えるかを考えてみます。

まずは、岩石の分類です。本書ではすでに述べましたが、これらの石はすべて火成岩です。火成岩とは、マグマが冷えて固まってできる岩石です。地球上のすべての岩石の60％は火成岩が占めていますので、中学校でも火成岩の説明に最も力を入れたいところです。

火成岩はさらに、マグマが地表や地表近くで急速に冷えて固まった火山岩と、マグマが地下深くでゆっくり冷えて固まった深成岩とに分けられます。教科書では、六つの石を次のように分類しています。

火山岩……玄武岩、安山岩、流紋岩

深成岩……斑糲岩、閃緑岩、花崗岩

第3章で述べたように花崗岩には堆積岩が変成してできるSタイプもあるので、一概に深成岩とはいえないと私は考えていますが、ともかくここはこの分類に沿って、私なりに中学校の理科の授業を進めていきましょう。

火山岩の結晶分化

私が理科の先生だったら、やはりカレー鍋のたとえを持ち出すでしょう。第2章でも、玄武岩をいろいろな「具材」が溶け込んだカレーに見立て、それが冷えるとさまざまな具材が結晶となって出ていくために、カレーがさまざまに変化するという話をしました。

そのときは個々の具材、つまり造岩鉱物の名前は出しませんでしたが、あらためて中学校の授業として考えると、造岩鉱物の名前もあげて、マグマの結晶分化について説明したいと思います。そこで以下は、その考えに沿って話を進めていきます。

火山岩の大本は、玄武岩です。玄武岩は地下深くでは１２００℃以上の高温で、橄欖石、輝石、角閃石、雲母、長石、石英、磁鉄鉱などさまざまな造岩鉱物がどろどろに溶け込んだマグマの状態です。しかし、マグマが上昇していくにつれて次第に冷えていくと、これらの鉱物は融点の高い順に、結晶となって晶出してきます。

まず、最も融点が高い橄欖石が出てきます。マグネシウムや鉄を多く含む橄欖石の結晶は重いため、マグマの液とは分離して、沈んでいきます。残ったマグマは玄武岩よりケイ素の割合が大きい安山岩のマグマになります。

次に、そこからさらに輝石、角閃石、雲母などが分離していきます。残ったマグマはそれにつれてケイ素の割合が大きくなります。そして最終的には流紋岩になるというわけです。第2章で名前をあげたデイサイトという石は、中学校の教科書では出てきません。

要するに、マグマが冷えていくにつれて次々に金属元素を含む造岩鉱物が晶出していき、そのたびに残ったマグマはケイ素の割合が大きくなり、最初は黒っぽかった色は、だんだん白っぽくなっていくのです。ケイ素の含有率は、玄武岩が50％前後、安山岩が60％前後、流紋岩が70％前後です。なお、流紋岩という名前は、表面にマグマが流れた跡（流理）が見られるものがあるためにつけられました。

深成岩の結晶分化

火山岩における結晶分化についての、中学生向けの説明はこのようなものです。

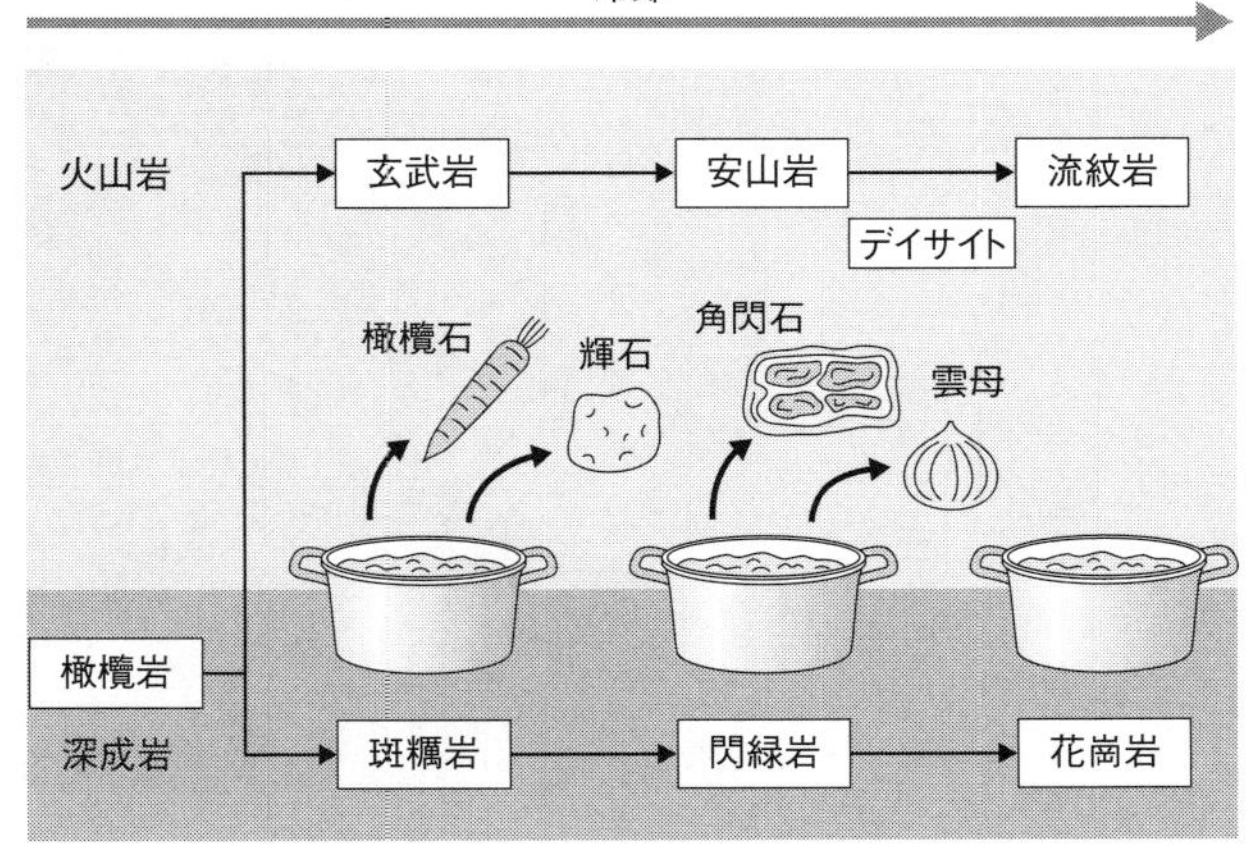

図5－5　火山岩と深成岩の結晶分化作用

次に、深成岩の結晶分化についての説明です。と言っても、大筋は火山岩と同じで、マグマが冷えるたびに融点の高い順に造岩鉱物が結晶となって出ていき、そのたびにマグマはケイ素の割合が大きくなり、白っぽくなっていくというシナリオです。この結晶分化が地表の近くで起こるのが火山岩で、地下の深いところで起きるのが深成岩というわけです。

このとき、玄武岩（火山岩）に対応する深成岩が斑糲岩であり、安山岩に対応するのが閃緑岩、流紋岩に対応するのが花崗岩です。ケイ素の含有率も、それぞれが対応する火山岩と同じ割合となっています。ただし、火山岩よりもゆっくり冷えるので、個々の結晶は深成岩のほうが大きく育っています。

およそ以上が、結晶分化についての中学生向

図5－6　菊面石

けの説明です。中学校にしてはかなり高度なことを教えているのではないか、これが理解できているのだったらこの本を読まなくてもいいじゃないか、と言われてしまいそうです。実際、そうかもしれませんが、図5－5には私らしく、カレー鍋にたとえた結晶分化の全体像を掲げておきます。これはある意味で「火成岩の家系図」ともいえるでしょう。斑糲岩は玄武岩の弟分で、閃緑岩は玄武岩の甥っ子といった感じになるでしょうか。

この二つの石について、もう少し紹介しておきましょう。

斑糲岩の「糲」とは、おそろしく難しい漢字ですが、「くろごめ」つまり玄米のことです。白い斜長石の中に黒い輝石が斑点のような粒状に見えているのを、そのように表現したようです。名づけ親は、これまた小藤文次郎です。その模様が花崗岩に似ていて色は花崗岩より黒っぽいことから「黒御影」とも呼ばれて、石材としても使われています。

閃緑岩は火山岩の安山岩に対応しますが、暗緑色で、安山岩よりも角閃石が多いことが特徴です。小藤文次郎は「緑岩」と、彼にしては珍しくシンプルな命名をしたのですが、のちに地質調査所の中島謙造が角閃石の「閃」の字を加えて改名しました。珍しいものでは、角閃石や斜長石などの結晶がいくつもの円となって表面に現れた球状閃緑岩があり、日本で数少ないその産地である宮城県白石市（しろいし）では「菊面石（きくめんせき）」と呼ばれて国の天然記念物に指定されています（図5－6）。

これらの岩石にはさらに、橄欖石を多く含めば橄欖石斑糲岩、花崗岩に組成が近いものは花崗閃緑岩など、さまざまなバリエーションがあります。

ボーエンの功罪

さて、ここまで私はあえて、「中学生向けの説明」という言い方を繰り返しながら、火成岩の結晶分化について述べてきました。これには理由があります。

じつはこのような結晶分化は、きわめて単純化されたモデルです。実際には造岩鉱物の融点はマグマの組成によっても、含まれている水の量などによっても違ってきますので、造岩鉱物が晶出してくる順序はまちまちです。色もこれほどわかりやすいグラデーションにはならず、白黒だけでは岩石の見分けがつかないことも多いのです。

こうした結晶分化のモデルを考えたのは、すべての岩石はただ一つの起源をもつという「本源マグマ」の考え方を提唱した、米国カーネギー地球物理学研究所のボーエンです。彼は岩石の溶融実験を繰り返して、本源マグマと結晶分化という着想を得ました。そのこと自体は、火成岩の統一的な説明を可能にした偉大な功績だったのですが、その後、前述したように同位体や微量元素の測定技術が進むと、話はそうそう単純ではなく、玄武岩質マグマのほかにも岩石のもとになるマグマが見つかったり、結晶分化にもさまざまなパターンがあることがわかってきたりしているのです。いまでは本源マグマという言葉よりも、もっと限定的な意味合いで「初生マグマ」という呼称が使われるようになってきています。

このようにボーエンの考えはいまでは古くなってしまった点が多々あるために、じつは中学校の理科では、この結晶分化のモデルはもう教えられなくなっているのです。教えることを問題視する指摘が、地学研究者からもなされていました。

しかし本書では、それらを呑み込んだうえで、あえてこのモデルを紹介することにしました。それは、やはり石の名前や述語が、あまりにも煩雑だからです。本書は石に興味をもった人が初めて読む本、もしくはこれを読むことで石に興味をもっていただく本というつもりで書いていますので、厳密さよりも大づかみなイメージを大事にしたいのです。

中学校でボーエンのモデルを教えることは、決して間違いではないと私は考えます。厳密さを求めて子どもたちが石嫌いになってしまっては何にもなりません。教科書に書かれていることを絶対的なものであると教える側が鵜呑みにして、それを丸暗記させるようなことだけは、絶対にしてほしくないと思います。

　そもそもが大ざっぱなモデルであることを前提に、本源マグマや結晶分化について大局的に教えたうえで、さらに、最先端の地球科学が現在も、石をより正しく理解するためにさまざまなチャレンジを続けていることを子どもたちに知ってもらえたら、すばらしいと思います。

第6章

三つの石から見た地球の進化

── 地球の骨格ができるまで

約46億年前に誕生した私たちの地球は、最初から現在のような姿をしていたわけではありませんでした。というより、現在の姿とは似ても似つかぬものだったと言ってよいでしょう（図6－1）。小さくて単純なバクテリアが高等生物に進化したように、地球自身もまた、原始的な地球が大きく進化をとげて、現在のようになったのです。

そして、この地球の進化に大きな役割を果たしたのが、本書の主役である三つの石でした。この章では、ここまでに見てきた石の知識を総動員しながら、その過程についてじっくりと考えていきましょう。いよいよ本書のクライマックスです。

三つの石がつくった地球の特殊な構造

近年は太陽系外惑星が次々に発見されて、地球外生命が存在する可能性も現実味を帯びてきています。もしも高度な知的生命体が現在の地球を外観から内部構造までくわしく観察したら、この惑星が太陽系のほかの惑星と比べて、いくつかの点で特異であることに気づくでしょう。

もちろん生物や水の存在は最大の特徴ですが、それだけではありません。この惑星は、外から磁気圏、大気圏、生物圏、水圏、岩石圏などと、さまざまな圏が同心円状に取り巻いて分布しています。これもほかの惑星には見られないことです。

さらに岩石圏を見ると、この惑星の表面は、奇妙な2極構造になっています。陸地の最高点

（地球人が言うところのエベレスト山）から海洋の最深点（同じくチャレンジャー海淵（かいえん））まで約20㎞の高低差を1000ｍごとに区切って、それぞれの分布の割合（ヒプソグラム）を求めてみると、海抜0〜1000ｍのところと、水深4000〜5000ｍのところだけが非常に多いのです（図６－２）。地球と似たような岩石型惑星である金星や火星は、このような極端な地形にはなっていません。金星は1極のみで、火星には3極あります。

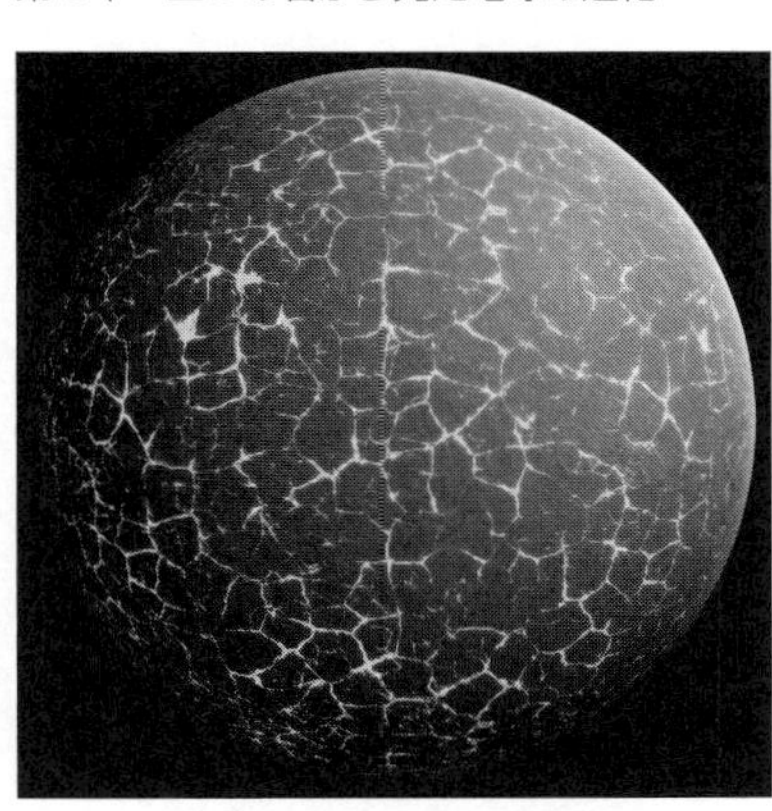

図６－１　原始地球の想像図

そして、これら2極をなす地形から岩石のサンプルを採取してみると、おもに陸上の極大は花崗岩、海洋の極大は玄武岩からできていることがわかります。それらが地殻――花崗岩は大陸地殻、玄武岩は海洋地殻――を形成し、その下では莫大な量の橄欖岩が、鉄とニッケルの核を覆うように取り巻いています。

すなわちこの惑星は、花崗岩、玄武岩、橄欖岩、鉄という同心円状の構造を呈しているのです。調査を終えた知的生命体は、このようなレポートを母星に送るでしょう。

「太陽系第三惑星は、特殊な分布をする三つの岩石か

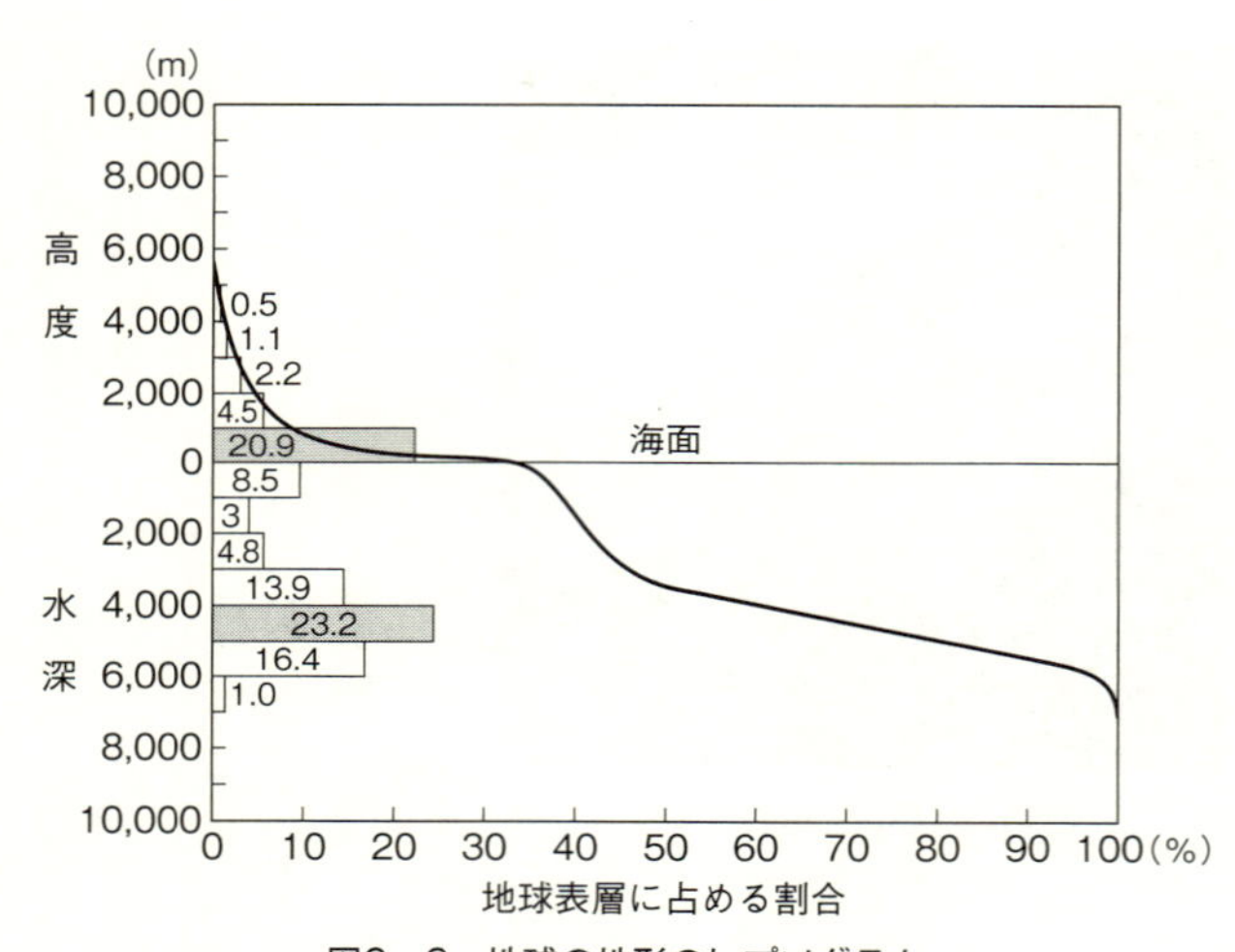

図6－2　地球の地形のヒプソグラム

各高度、各水深（1000mごと）が地球の面積に占める割合を示す

らできている」

　では地球はいつ、どのようにしてこうした構造になったのでしょうか。

「冥王代」という時代

　話は、はるか遠く冥王代（めいおうだい）にまでさかのぼります。「冥王代」とは、約46億年前に地球が誕生してから約40億年前までの、最初の約6億年間のことです。

　現在では放射性同位体の精密な測定によって地球の年齢は約46億歳とわかっていて、その後の地球の歴史は、地球に起こったさまざまなできごとによって時代区分されています（表6－1）。地球にいつ、どのようなできごとが起きたのかは、地層や岩石（化石も含む）を手がかりにして調べます。だからそういう研究を「地質学」といい、太古代や原生代、あるいは古生代や中生代などと名づけられている時代のことを「地質時代」というわけです。

ところが、地球が誕生してまもない冥王代は、石そのものがまだきわめて少ない時代でした。地球最古の岩石としてカナダ東部のケベック州ハドソン湾東岸地域で約42億8000万年前の玄武岩質岩石が、地球最古の鉱物としてはオーストラリアで約44億年前のジルコンが見つかっては

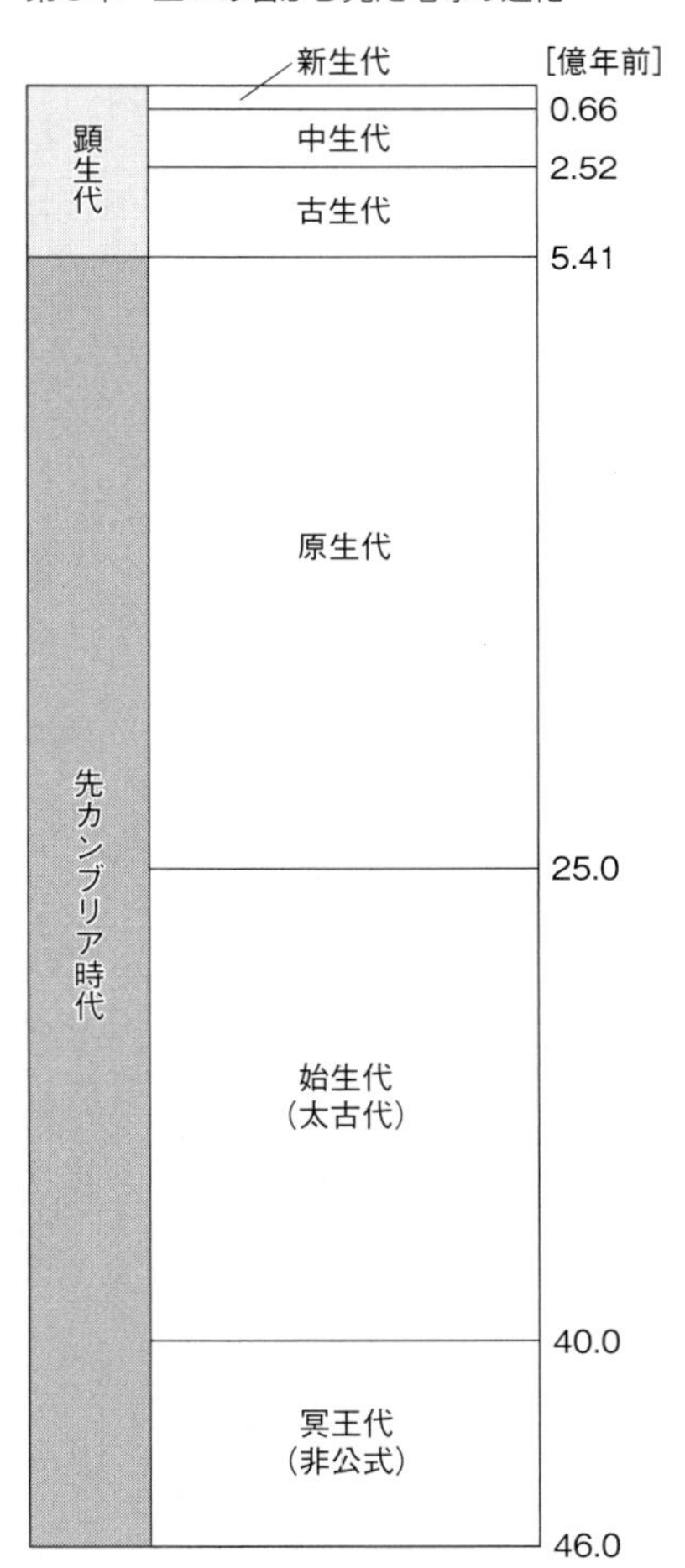

表6－1　地球史の時代区分
現在、決められている地質時代。4年に1度、見直されている

いるものの、石のサンプル数がきわめて少ないため、冥王代は長きにわたり謎に包まれていたのです。「冥王」とはギリシャ神話で「あの世を支配する王」のことです。

しかし近年になって、かつて地球に降ってきた隕石や、太陽系のほかの天体を分析することでこの時代についての手がかりが少しずつ得られるようになってきました。さらにコンピュータによるシミュレーションによって、それらを分析する手法が飛躍的に発達しました。こうして現在では、冥王代についても実証的な研究が可能になってきています。

そうしてわかってきたのは、冥王代、つまり地球の最初のおよそ6億年間には、地球を現在のような姿にみちびく原因となる実に多くの事件が起きていたということです。

冥王代に対して、地球の最近の約6億年間を「顕生代」といいます。これは、生物の化石が残されている、つまり「顕かに生物が見られる」時代という意味です。この時代にも、地球のその後のありようを決定づける多くのことが起こっています。

最初の6億年と最近の6億年の間の34億年間を、太古代（40億～25億年前）、古原生代（25億～16億年前）、中原生代（16億～10億年前）、新原生代（10億～5・4億年前）の四つに分けるのが、むかし私たちが習った「先カンブリア時代」の年代でした。いまは太古代を始生代といっているようです。地球史の年代はオリンピックと同じで、4年に一度、見直されています。

三葉虫の化石に始まり、恐竜の繁栄と絶滅や、人類の登場など、最近の約6億年についてはみなさんもご存じのことが多いかと思いますが、最初の6億年に起きたことがどれだけ重要かは、一般にはほとんど知られていません。しかし、冥王代こそは、三つの石によって地球の骨格ともいうべきものが定まった時代なのです。

地球誕生とマグマオーシャン

いまから46億年前、宇宙空間のある一隅、現在の太陽系のあたりで、一つの超新星が最期のときを迎えて大爆発を起こしました。爆発で飛び散った物質はところどころで塊をつくり、最も多く集まった場所で太陽が産声をあげました。太陽では2個の水素原子がヘリウムをつくる核融合反応が起こり、みずから光り輝きはじめました。やがて、太陽に近いところから密度の大きい順に、ダスト（宇宙塵（じん））やガスが周辺の物質を集めて次々と塊をつくり、やがてそれらは8つの惑星となっていきました。太陽に比較的、近いところでは、原子番号14番の元素であるケイ素が多く集まりました。

さらにこの場所に、周辺にある重たい隕石や隕鉄のような物質、微惑星が衝突・合体して集積していき、やがて「原始地球」に成長しました。それは現在の地球より小さく、火星ほどの大きさであったと考えられています。

原始地球のもつ重力が大きくなると、周辺の隕石や隕鉄などをさらに引き寄せ、それらは次々

図6-3　米国アリゾナ州にあるバリンジャーの隕石孔

に原始地球に衝突します。「隕石の重爆撃期」と呼ばれる、もし人間がこの頃に存在していたなら地獄としかいいようがない時代です。米国アリゾナ州にあるバリンジャーの隕石孔（クレイター）は、隕石衝突の衝撃のすさまじさをいまも伝えています（図6-3）。

重爆撃によってもたらされた巨大な衝突のエネルギーは、熱エネルギーに変換されて、原始地球の温度はどんどん上がっていきます。しだいに原始地球の表面はどろどろに溶けはじめ、液体のマグマとなります。表面温度が1600℃になると、すべてが溶けてできた「マグマオーシャン」、つまりマグマの海に地球表面は覆われます。

このときに、液体のマグマのうち最も重い隕鉄（鉄）は、中心部に沈んでいって、核をつくりました。さらに、密度の大きい物質から順に深く沈殿していき、核の周囲はのちにマントルとなる橄欖岩に取り囲まれていくのですが、ここに大きな謎があるのです。

橄欖岩誕生の謎と仮説

この世に最初にできた石は、おそらく橄欖岩でしょう。おもに橄欖岩をつくっている橄欖石は、第4章で述べたようにSiO_4正四面体がばらばらに寄り集まっているだけの、最も簡単なネソケイ酸塩鉱物だからです。また、橄欖岩の「子ども」である玄武岩がいわゆる本源マグマとしてさまざまな岩石のもとになっていることからも、橄欖岩が「石の系譜」の最も古いところに位置していると考えてさしつかえないでしょう。

しかし、橄欖岩がいつ、どのようにしてできたのかは、私の知るかぎりまだ誰も書物には書いていません。いまだに謎と言っていいのです。いったい、この石は地球上でできたのか、それとも地球ができる前から宇宙に存在していたのか、いわば序章で述べた「鶏が先か、卵が先か」がわからないのです。にもかかわらず、この問題について考察されたものを少なくとも私は読んだことがありません。

謎はもうひとつあります。古い隕石の年代測定をすると、どれも約46億年という年代を示すことです。これを「コンドライト一致」と呼んでいます。コンドライトは隕石の一種で、宇宙空間で急冷されたコンドリュールというケイ酸塩鉱物（橄欖石）の小さな粒子をもつものです。なぜそれより古い隕石がないのでしょうか。理屈の上では、もっと古い隕石が地球に到達していたとしてもおかしくないのです。この隕石の年代測定により、地球ができた年代は約46億年前とされているのですが、そうすると、超新星の爆発から地球の誕生までが、ほぼ同時に起こったという神業のような話になるのです。これを太陽系の大きな謎と考えている研究者もいるくらいです。

一つめの謎からみていくと、橄欖岩の組成は隕石に似ています。そもそも地球は隕石が集まってできたのですから、それをもって橄欖岩が宇宙でできたと考えてよさそうですが、必ずしもそうとはいえません。隕石の年代が地球の年代と同じという二つめの謎があるからです。周囲の友人たちに聞いても、地球上でできたものと当然のように考えている人が多いようです。そこで、ニュートンよろしく思考実験を試みて、私なりにこの謎に挑戦してみたいと思います。

繰り返しますが、石をつくる造岩鉱物は、SiO_4正四面体に、さまざまな金属元素が結びついてできています。橄欖岩をつくる橄欖石の場合、現在と同じ組成になるためには最低でも酸素、ケイ素、マグネシウム、鉄が必要で、さらにニッケルが少量ですが加わってきます。

これらの元素のうち、酸素（原子番号8番）、ケイ素（同14番）、マグネシウム（同12番）、鉄（同26番）までは、第一世代の恒星の中での核融合反応によって形成され、恒星の超新星爆発によって宇宙空間にばらまかれます。しかし、鉄よりも重いニッケル（原子番号28番）は、この段階ではまだ存在していません。ニッケルが形成されるのは、第一世代の恒星の超新星爆発のときか、その残骸である星屑が集まってできた、第二世代の恒星の内部においてです。言い換えれば、この段階ですでに、橄欖石をつくる材料がすべてそろっているわけです。第二世代の恒星が超新星爆発すると、ニッケルなどの重い元素も宇宙空間にばらまかれます。それらが凝縮して、再び固まってできたのが、太陽などの第三世代の恒星と、地球などの惑星です。

では、この過程のどこで橄欖岩ができたのでしょうか。仮に、多くの人が考えているように地球上でできたとしてみます。すると、気になるのは、石どうしは第4章で述べたように固溶体であり、いかなる割合でも混ざりあいますが、金属と石とは混ざりあわない関係にあるということです。このような関係を「不混和」といいます。

不混和の関係にある橄欖岩と鉄がマグマオーシャンの中で溶けあって、マントルのようなどろどろの液体を形成するためには、少なくとも2000℃を超える温度が必要でしょう。鉄の融点は1538℃、橄欖岩の融点は約1890℃だからです（フォルストライトの1気圧での融点）。マグマオーシャンのときの地球の表面温度は2000℃にまで達していたと考えられますので、その点はぎりぎりクリア、という感じでしょうか。

しかし、ここで引っかかってくるのが、二つめの謎です。さきほど述べたように、太陽や地球などの材料をつくった母天体の超新星爆発の時期と、その後に地球が形成された時期は、地球で発見されている隕石から年代を推定すると、どちらも約46億年前です。つまり、星の材料が宇宙にばらまかれてから星ができあがるまでが、宇宙的なタイムスケールでみれば、ほとんど一瞬で起きているわけです。もし地球の誕生がそうした一瞬のできごとだったとすると、橄欖岩が地球でつくられて、それからマントルをつくるには、マントルが地球体積の85％以上も占めていることを考えると、少し時間が足りない可能性もあります。

それよりも、材料がすべてそろった第一世代の終わりにすでに橄欖岩ができていたと考えるほうが自然なのではないでしょうか。そして超新星爆発のときに、鉄と溶けあった状態で宇宙空間に投げ出されたのです。超新星の温度は５５００万℃ともいわれ、すべてのものを溶かすのに十分すぎます。宇宙空間の温度はおよそマイナス２７０℃ですから、どろどろの液体はすぐに冷えて、固体の塊になるでしょう。それらが集まって少しずつ大きな塊になり、それぞれが衝突を繰り返して、だんだん大きな隕石になっていきます。

このようなシナリオで橄欖岩ができたと考えてもよいのではないか、むしろこのほうが自然なのではないか、というのが私の仮説です。つまり、橄欖岩は現在の地球ができるより前からあって、地球をつくった隕石が橄欖岩そのものだったというわけです。

46億年より古い隕石が出てこないのは、超新星爆発のときにすべてが溶け、隕石の年代がリセットされてしまったためではないかとも考えられます。そして、宇宙からやってきたこの緑の石から、玄武岩や花崗岩が生まれてきたのです。いかがでしょうか。

隕石がつくった空と海

宇宙から降りそそぐ橄欖岩の隕石が地表をマグマオーシャンにし、さらには地下にマントルを形成しはじめているころ、地球には原始の「空」も誕生しました。その形成は、2段階に分かれていたようです。

まず原始地球ができた当初の一次的な空は、宇宙空間にあるガスなどと同じような成分の、水素とヘリウムからなっていたと考えられます。しかし、これらの軽いガスは相次ぐ隕石の衝突によって、地球の引力を振り切って宇宙空間に逃げ去ってしまったとみられます。

そのかわりに、隕石の中に含まれていた揮発性成分が、マグマオーシャンができていく過程で地表へと出てきました。それらは地球の引力にとらえられて地球の周りを覆い、二次的な空、すなわち「原始大気」をつくりました。いわば石に含まれていた成分が空をつくったのです。

その組成は水素、水蒸気、二酸化炭素、一酸化炭素、窒素、アルゴン、塩素ガス、塩酸、硫黄、亜硫酸ガスなどで、現在では火山活動の際に出てくるガスの成分がこれに近いものです。現在の地球の窒素、酸素、二酸化炭素などからなる大気とは似ても似つかない、人間にとっては猛毒ともいえる大気です。大気中に酸素が豊富に含まれるようになるのは、光合成生物「シアノバクテリア」が出現する27億年前まで待たなくてはなりません。

空の誕生は、「海」の誕生へとつながります。原始大気を構成する揮発性成分は、宇宙空間の温度が低いために冷やされて凝結し、液体となって地表へ降りそそぎました。地球で最初の雨です。その雨量はすさまじく、数年間にもわたって降りつづけたと考えられます。

マグマオーシャンをつくっている地表の温度が高いうちは、雨はすべて蒸発して再び大気に戻されていましたが、やがてマグマオーシャンが少しずつ冷えていくと、液体は蒸発せずに地表にたまりはじめます。そのため、さらにマグマオーシャンの温度は下がり、大気にたまっていた大量の物質が凝結して一挙に降りそそぎ、ついに「原始海洋」ができたのです。当時の海は地表のほとんどすべてを覆っていて、陸地といえば小さな島弧が点在するのみだったと考えられます。この海の組成もまた、隕石から出てきて空となった成分と同じですから、水に二酸化炭素や塩酸などが溶け込んだ、やはり現在の海とはかけ離れた毒性の強い（人間にとっては、ですが）ものでした。

原始の岩石「コマチアイト」

海の誕生により、マグマオーシャンは海水によって冷やされて固まり、地形的に低いところではやがて、海水の受け皿となる海洋地殻が形成されていきます。

海洋地殻といえば玄武岩、と思われるでしょうが、実はここで、別の石をひとつ、ご紹介することになります。名前を「コマチアイト」といいます。

横文字ですがなんとなく日本的な名前で、うっかりすると「小町石」などと書いてしまいそうですが、「コマチ」は外国の地名にちなんでいます。南アフリカ共和国のバーバトン山地南側を流れるコマチ川という川から出てくる、緑色の石です。

図6－4　コマチアイトのスピニフェックス組織
（生命の星・地球博物館提供）

コマチアイトにはいろいろと、変わった特徴があります。まず、その表面には木の枝か草のような形の紋様が入っていて、一見するとまるで植物の化石のようです（図6－4）。日本では竹葉石（ちくようせき）とも呼ばれています。これは橄欖石が急に冷えるときに細長い結晶が伸びてできる「スピニフェックス組織」といわれるもので、つまりコマチアイトは橄欖石を多く含む石なのです（ただし橄欖石は地表では変質して蛇紋石という石になっている場合がほとんどですが）。

また、化学組成にも特徴があり、酸化マグネシウムが18％以上も含まれています。これは同じ橄欖石を含む玄武岩の倍ほどもあります。

さらに、コマチアイトが出てくる地層は、ほとんど約40億年前の冥王代のころのものに限られ、ほかの時代にはあまり出てきません。その理由は、はっきりとはわかっていません。

多くの人が、このコマチアイトこそはマグマオーシャンが冷えて固まってできた最初の岩石であると考えています。その融点が約1600℃と、玄武岩の融点(約1200℃)よりずっと高いことも、高温のマグマからできたことを示唆しています。地球上の最初の海はマグマオーシャンで、それが固まったものがコマチアイトだったが、その後のさまざまな地殻変動によってすべて地球の内部に沈み込んで消滅してしまったのだろうとも考えられています。地球内部の温度が低くなったためマグマの状態で上がってこられなくなったことも原因として考えられます。

そうだとすれば、マグマオーシャンが冷えたあとに最初に海洋地殻をつくったのはコマチアイトであり、そのあと玄武岩に移行したということになりますが、どうなのでしょうか。そこをもう少し、掘り下げてみましょう。

最初の石はどっち?

考える手がかりとして、マグマオーシャンをつくった隕石、コマチアイト、玄武岩、それぞれの組成を、たとえばマグネシウムに注目して比べてみます。

隕石は橄欖岩と同じ組成なので、マグネシウムの含量は少なく見積もっても40%ほどあります。それが全部溶けたとすると、マグネシウム40％のマグマになります。マグマオーシャンがコマチアイトだとすれば、そのマグネシウム量は18％なので、原始地球をつくった橄欖岩は半分くらいしか溶けていなかったことになります。半分ほどは固体の橄欖岩が残っていたということです。しかしマグマは水などと違って、融点を超えてもすべてが溶けるわけではなく、すべてが溶ける温度と融点の間には数百℃ほどの幅があるので、こういうことが起きます。これが「部分溶融」です。つまり、原始地球をつくった橄欖岩が部分溶融して、コマチアイトができたと考えることもできます。

一方で、橄欖岩が部分溶融すると玄武岩のマグマができることがわかっています。玄武岩のマグネシウムの含量は約10％ほどです。ただし、コマチアイトが部分溶融しても玄武岩ができます。

これらのことから、橄欖岩のマグマオーシャンからコマチアイトと玄武岩がつくられるプロセスには、2通りあると考えられます。まず隕石の橄欖岩が部分溶融して玄武岩がつくられるプロセスと、そのあと橄欖岩がさらに部分溶融してコマチアイトができ、コマチアイトの部分溶融によって玄武岩がつくられるというプロセスです。

隕石のたび重なる衝突で表層の温度が上がり、橄欖岩が徐々に溶けていったとすれば、まず融点が低い玄武岩が最初にできるはずです。玄武岩のマグネシウム含量は10％ほどなので、それだけ部分溶融すれば玄武岩になります。さらに温度がどんどん上がって、部分溶融の程度が増えて18％にみあう温度になると、コマチアイトができることになります。

一方で、最初に玄武岩ができたとしても少量で、その後の温度上昇によって圧倒的に大量のコマチアイトができ、それが冷えて固まったあと、そのコマチアイトの部分溶融によって玄武岩ができるということも考えられます。ただしこの場合は、いったん冷えたコマチアイトを部分溶融させる熱源がどこにあるかということがわかりませんが、おそらく隕石の重爆撃のあとのさらなる隕石の衝突による加熱でしょう。

この二つのプロセスのいずれにしても、量に違いこそあれ、地球上でマグマオーシャンのあと最初にできた石は玄武岩で、その次がコマチアイトということになります。しかし、このあたりのことはいまだによくわかっていません。46億年前の様子を示す橄欖岩が見つかれば、もう少しは話が進むのですが。

最初のプレートの形成

現在の地球は十数枚のプレートに表面を覆われています。このようなプレートはいつ、どのようにしてできたのでしょうか。プレートとは地殻と、マントルの上部からなる厚さ１００㎞ほどの岩板です。地球物理学的に見ると、マントルの軟らかくなった「アセノスフェア」の上に、硬

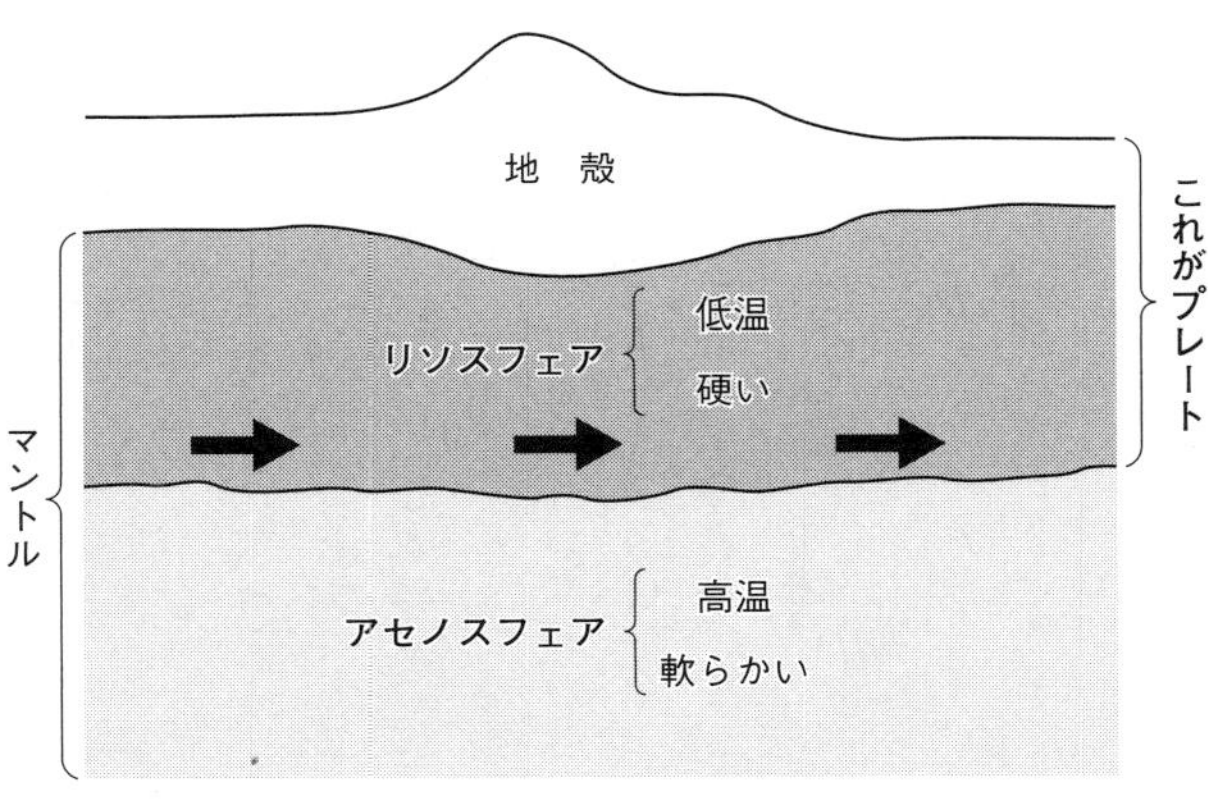

図6－5　プレートの構造

い「リソスフェア」ないしプレートが乗っているという構造になっています（図6－5）。アセノスフェアは同じ岩石でも温度が高くなっているために、上の板に比べて軟らかく、その上を硬いプレートがするすると滑っていくというイメージです。第1章では、オフィオライトという岩石が海洋プレートと同じ組み合わせをもつ石であることを述べました。それは玄武岩や橄欖岩が重なったものでしたが、こうした構造のプレートはなぜできたのでしょうか。

１９７４年、ハワイの溶岩湖で、ダフィールドが観察したできごとがあります。ハワイ島で噴出したマグマが、斜面を下る途中にある大きな孔を満たして、マグマの湖をつくったのです。それはまさに、小さなマグマオーシャンでした。どろどろに溶けたマグマは、やがて温度が下がって表面が固まり、かさぶたのような黒い玄武岩の層をつくりました。そしてその厚さはどんどん増していきました。寒い日に池の表面に氷が張るのと同じようなものでしょう。マグマの冷却にともなって、厚くなったかさぶたは玄武岩の板のようなものをつくりはじめました。いわばこれが、プレートと考えてよいでしょう。湖の内部からはときおり、熱いマグマが噴き出して、直線状の割れ目ができて（これは中央海嶺のようなもの）、マグマが吹き上げてきて盛り上がり（山脈）をつくります。やがて、冷たくなった表面のかさぶたは、湖の内部に沈み込んでいきました。これはまさに、プレートの形成と沈み込みの開始という、プレートテクトニクスが起きるモデルを示したものでした。

マグマオーシャンもハワイの溶岩湖と同じです。マグマオーシャンが形成されたときの地球の外の温度はマイナス270℃くらいなので、表面はすぐに冷えて、かさぶたのような岩石の層ができていきます。これが玄武岩とコマチアイトからなる「最初のプレート」だと考えられます。

できたプレートは、場所によって温度差があるために、温度の高いところは軽くて浮いていますが、温度の低いところは重くなって、その境界に沿って重いほうが沈んでいきます。これがプレートの「沈み込み」の始まりであり、プレートテクトニクスの始まりなのです。

このころのプレートは、流体であるマグマオーシャンのマグマの上を、するすると移動していたと考えられます。また、沈み込んだ玄武岩やコマチアイトは橄欖岩より軽いので、橄欖岩の上に層をなして積み重なっていきます。

最初のプレートはどんどん冷えて、どんどん地球の内部へ沈み込んでやがて全部なくなってしまいます。コマチアイトがほとんど見つからないのはこのためと考えられます。

マグマオーシャンが冷えてくると、空から降ってきた液体は蒸発せずに地表に届くようになります。こうして地球に最初の雨が降り、地表のへこんだところを埋めていき、やがて海ができていきます。海水によって冷やされたプレートが沈むことで、マグマオーシャンはより効果的に冷却され、固まっていきます。液体のマグマオーシャンがなくなってしまうと、橄欖岩と、その上にある玄武岩とコマチアイトでできたプレートとは、固体どうしで接するようになります。すると、下にある橄欖岩の側が軟らかくなって、上の硬い部分と一線を画すようになり、現在のものに近いプレートができていったのです。

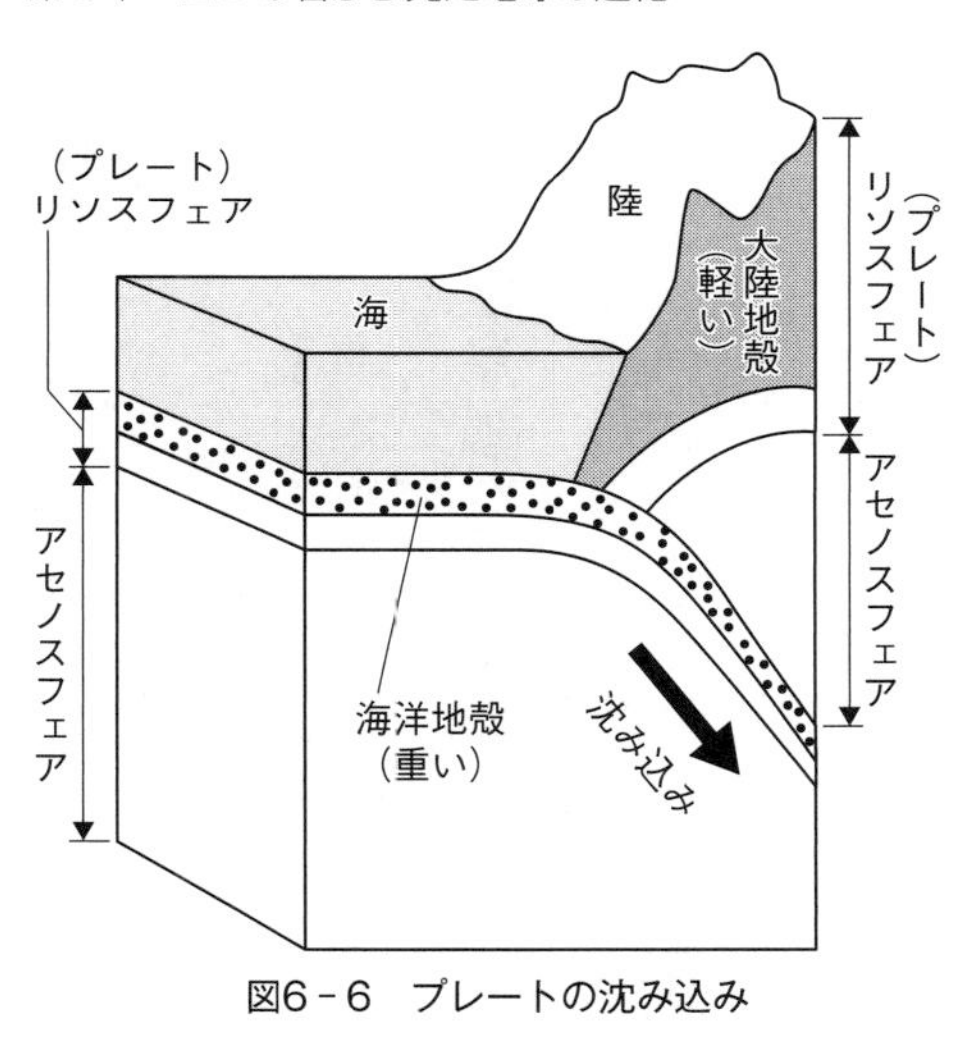

図6-6　プレートの沈み込み

一方、沈み込んだプレートによって引っ張られた場所では割れ目ができて、地下からマグマが出てきて山脈（海嶺）をつくります。これが中央海嶺などです。ここでは地球内部に沈んだプレートのかわりに玄武岩質マグマが噴き出して、新たな海洋地殻とマントルからなるプレートを形成するのです。

こうしてプレートによる物質の循環が始まり、さらには待望の水がそこに加わることによって、地球は一躍、太陽系でほかに類のない特徴をもつ惑星となっていくのです。

水が島弧をつくった

プレートが形成されて、その沈み込みが始まったことは、地球の進化のうえできわめて重要な意味をもちます。地球の内部へ、大量の水がもたらされるようになるからです。プレートが水の「運び屋」となるのです。しかし直観的には、バケツのような形をしたものであればともかく、硬くて平べったい岩板が「水を運ぶ」といわれても、みなさんにはイメージしにくいのではないでしょうか。

ここで思い出していただきたいのが、第4章で述べた含水鉱物についての説明です。SiO_4正四面体が複鎖型につながったイノケイ酸塩鉱物（角閃石など）や、平面状につながったフィロケイ酸塩鉱物（雲母など）は、物質を受け入れる隙間が大きいため、巨大な分子であるOH（水酸基）を収納できるのでした。OHは水素とくっつくことで水となります。つまり含水鉱物とは、大量の水を含むことができるスポンジのようなものなのです。玄武岩でできたプレートは、変質作用や変成作用によってこの含水鉱物を多く含むようになるために、大量の水を運ぶことができるのです。なお、コマチアイトをつくる橄欖石が変質してできた蛇紋石も、含水鉱物です。

では、プレートによって地球の内部に水が運ばれることがなぜそれほど重要なのでしょうか。第2章で、岩石は水が加わると一気に融点が下がるので、溶けやすくなると述べました。プレートが沈み込むと、ゆっくりと深さ約110㎞のマントルまで到達し、持ち込まれた水がそこで周辺のマントルの融点を下げます。そのためマントルをつくる橄欖岩が部分溶融して、マグマができるのです。

こうして玄武岩質マグマや、そこから結晶分化することで安山岩質マグマができます。また、マントルの部分溶融によって直接、安山岩質マグマができる場合もあります。

これらのマグマが地表に噴き出して、火山活動を開始するとともに、島弧を形成するのです。最初は海面下にできた島弧は、やがて陸上に顔を出すようになります。そして第3章で述べたように、島弧はプレートの上にのって移動し、次々と別の島弧と衝突し、合体して、やがて大陸地殻を形成します。それは隕石が次々と合体して惑星ができるのに似ています。

これも第3章で、北米大陸にはいまから約35億年前に形成された巨大な大陸地殻があることを述べました。それは現在の島弧と同じように、おもに安山岩からなっていて、島弧が集積してできた原始的な地殻の典型といえるでしょう。「原始的」というのは、やがて出現する大陸や超大陸とは異なる地殻という意味です。このような地殻を「クラトン」といい、同じようなものは中国にも見られます。

地殻のなりたちと三つの石

最初の大陸がいつ、どのようにしてできたのかは、よくわかっていません。それに答えるにはまず「大陸とは何か」を定義しなければなりません。

もし大陸は「花崗岩でできた陸の塊」とすれば、いちばん古い花崗岩がそうなりますが、広い意味での花崗岩は大陸だけでなく島弧にも出てきますし、海嶺からも特殊な花崗岩（カリウムが非常に乏しい斜長花崗岩）は出てきますので、厳密な定義にはなりません。もし島弧が衝突合体してできたものが大陸であるとすれば、二つ以上の島弧ができたときが大陸の起源ということにでもなるでしょうか。

はっきりしているのは、大陸は大陸地殻からできているということです。すでに述べたように地殻には大陸地殻と海洋地殻があり、それぞれ陸と海をつくっています。陸地も海底も地続きなのだからそこに区別などはなく、もしも海水をすべてとっぱらってしまえば、地球は全部、ひとつながりの陸になるというわけではありません。二つの地殻はまったく別ものなのです。

そのことは、それぞれの地殻の成因を見れば納得できると思います。

まず海洋地殻は、マントルの橄欖岩が部分溶融してできた玄武岩質マグマが、海嶺から噴き出し、薄く広がって固まることでつくられます。

これに対して大陸地殻のほうは、第3章の「花崗岩問題」のところでも述べましたが、もう少し手間がかかります。プレートの沈み込みによってできた玄武岩質マグマから結晶分化した、もしくはマントルから直接、部分溶融してできた安山岩質マグマは、地表に噴き出して島弧をつくります。島弧は集積して、最初の大陸をつくります。この大陸にプレートが沈み込んだり、衝突したりして高温になると、大陸は再び溶けて、膨大な量の花崗岩となるのです。このときも水が重要なはたらきをすることは第3章で述べました。こうして、花崗岩からなる大陸地殻ができたと考えられています。

そして二つの地殻の配置は、大陸地殻が、海洋地殻の上に乗っかっているという関係にあります。それぞれの密度を比較すると、大陸地殻は2・7g／㎤くらいで、海洋地殻は3・0g／㎤くらいです。これは石でいえばまさに、花崗岩と玄武岩の密度に相当しています。そして、マントルをつくる橄欖岩は密度が3・3g／㎤です。したがって地球の構造としては、橄欖岩の上に玄武岩が乗り、その上に花崗岩が乗っている状態が、重力的にいちばん安定します。このような状況を「アイソスタシー」（地殻均衡）といいます（図6-7）。言い換えれば、大陸地殻と海洋

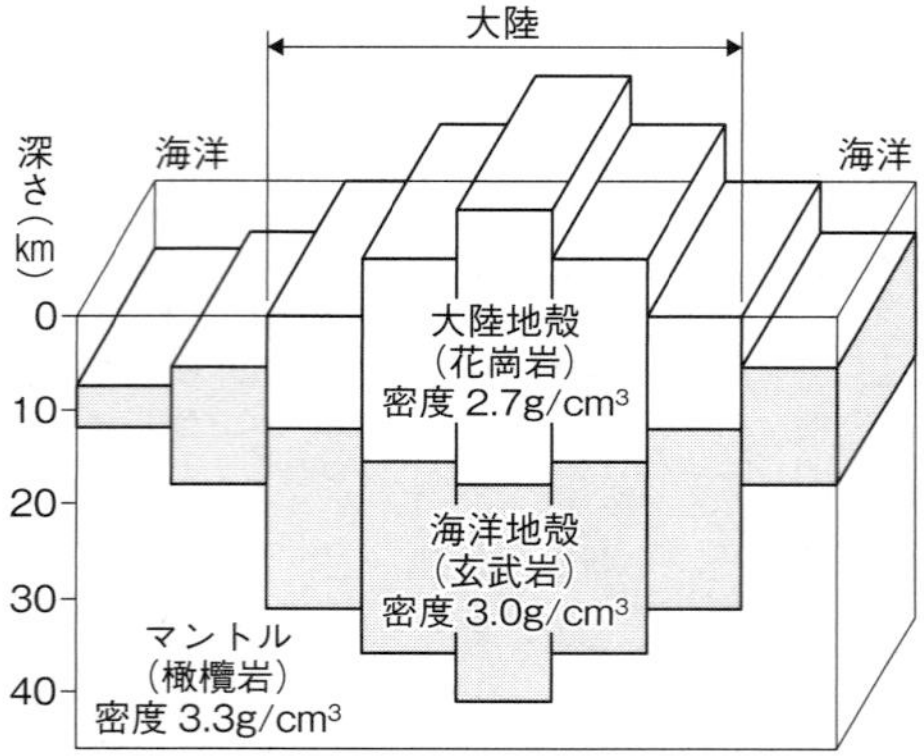

図6-7　アイソスタシー

地殻はこの配置で安定しようとしているわけです。

もういうまでもなく、この章の冒頭で述べたヒプソグラム（図6-2参照）からわかる地球の特異な2極構造も、大陸地殻（海抜0～1000m）と海洋地殻（水深4000～5000m）がいずれも20%以上を占めていることからきています。

これが原始地球から現在の地球への、進化の帰結です。そこには、三つの石がそれぞれに、きわめて大きな役割を果たしていたのです。

三つの石によって、地球にはほかの惑星にはない特徴ができあがりました。まず層構造が生まれ、プレートがつくられ、プレートテクトニクスが起きて、水が大循環して地球の内部へと運ばれるようになりました。水は生命をつくる一方で、地下深くに運ばれることによって島弧をつくり、島弧が衝突・集積することで大陸が誕生しました。私たち人間を含めた、多くの地球生命が住める場所ができたのです。三つの石が地球を特別な星へと進化させたのです。

終　章

「他人の石」たち

「火」に由来しない石たち

冥王代と呼ばれる地球最初の6億年に、地球が現在の姿になるための土台はほとんどできあがっていました。そのために大きく貢献したのが、本書の主役である三つの石でした。その視点をもつことで、地球の進化史がぐっと見通しよく頭に入ってくることをみなさんもお感じになっているかと思います。それこそが、私が本書で最も伝えたかったことです。

しかし、これで筆をおいてしまうのは、石の本としては少し早計でしょう。三つの石の来歴を振り返れば、宇宙からやってきてマグマオーシャンをつくった橄欖岩、それが溶けて地球で最初にできた石となった玄武岩、そして原始の大陸地殻が溶けてできた花崗岩と、すべてが「火」からできた石だからです。たしかに石の世界では、最も数が多く、最もスポットライトを浴びているのは火成岩ですし、橄欖岩や花崗岩のように火成岩とは言いきれないものも含めれば、「火」にまつわる石が主流であることは否めません。

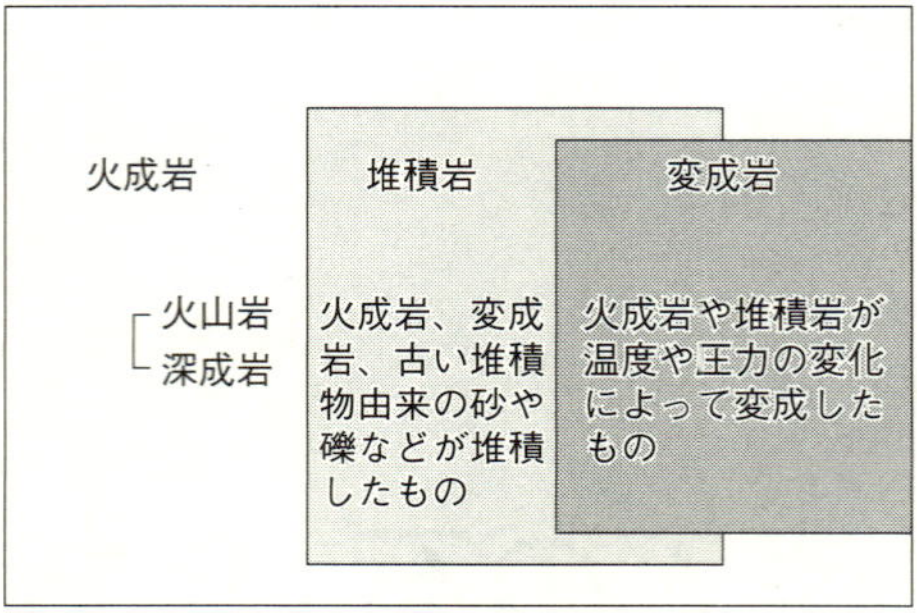

火成岩
- 火山岩
- 深成岩

堆積岩
火成岩、変成岩、古い堆積物由来の砂や礫などが堆積したもの

変成岩
火成岩や堆積岩が温度や王力の変化によって変成したもの

表7－1　岩石の分類
堆積岩には生物由来のものも含まれる

しかし、石にはほかにも、さまざまな種類があります（表7－1）。「水」からできた石もあれば、「生物」からできた石もあります。三つの石や火成岩ファミリーから見れば、「他山の石」ならぬ「他人の石」のように思えるこれらも、地球の進化史にとっては大切な役者たちなのです。

そこで本書のエピローグとして、これらの「火」に由来しない石たちも見ておきたいと思います。もちろん、すでに三つの石について深く知ったみなさんは、石のメインストリートは押さえられていますので、これ以上、名前を覚えたりする必要などありません。ぜひ気楽に、頭のクールダウンをするつもりで読み進めてください。

「水」がつくる堆積岩

風化した岩石から削られるなどした砂や泥が、川の水に運ばれて、湖や海に堆積して固まり、石になったものが「堆積岩」です。第2章で、ヴェルナーの「水成論」とハットンの「火成論」の論争について紹介しましたが、水成論からみちびかれる石が堆積岩なのです。つねに流動する火成岩と違い、比較的じっと一つの場所で長い時間をすごす堆積岩には、また違った趣きがあります。

現在、知られている最古の堆積岩は、グリーンランドのイスア（グリーンランド語で「地が消え果てる場所」）というところで見つかった39億年前の石です。私は現場ではなく、博物館で展示されているのを見ました。それは堆積岩の中で「礫岩（れきがん）」といわれる種類のもので、角のとれた、3～5㎝くらいの小さくて丸い「礫」が、流されてきた水の方向を示すように並んでいました。

堆積岩ができるには、材料となる砂や泥を供給する、大きな「陸」が存在しなければなりません。グリーンランドは現在では世界最大の島ですが、39億年前にはおそらく、大陸の一部であったと考えられます。北米大陸やヨーロッパのスカンジナビア半島が一つの大陸を形成していたときにその縁にあって、浅瀬にたまったのがこの礫岩であろうと推定されています。

堆積岩では現在のところ、これ以上に古い石は見つかっていません。このことから、少なくとも約37億～39億年前にはすでに陸が形成されていて、礫を運ぶ川とさらにそれをためる海ができていたと考えられます。このように堆積岩には「場所」と「時間」の情報が詰まっているのです。

堆積岩は火成岩のように、組成を化学的に分析して分類するということはしません。なにしろ、その材料はあちこちから長い年月をかけて流れついた雑多な岩石のかけらであり、生物の化石さえ混じっています。とても統一的に分類することは難しいのです。

そうした堆積岩を分類するものは、構成する粒子のサイズです（表7－2）。63μm～2㎜の粒子を「砂」、砂より大きい（2㎜以上）粒子を「礫」、砂より小さい（63～2μm）粒子を「シルト」（泥）、それより小さい粒子を「粘土」といっています。これらの粒子が固まったものを、それぞれ「砂岩」「礫岩」「泥岩」「粘土岩」と呼んでいます。一般的に、場所や時間の「情報」を多くもっているのは粒子が小さい堆積岩です。粒が細かいのは、それだけ広範囲に、長い距離を移動してきたということだからです。

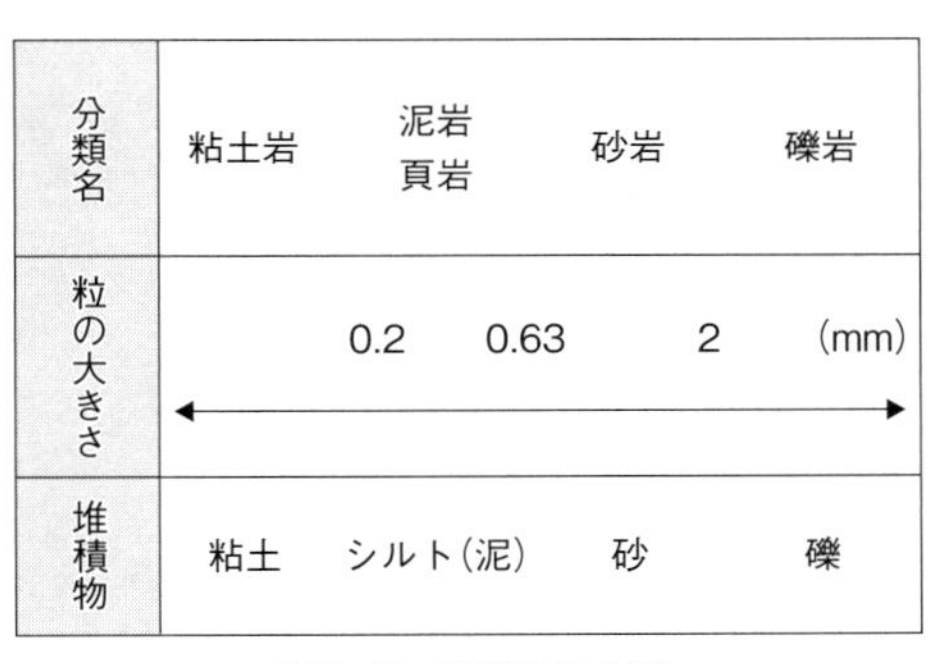

分類名	粘土岩	泥岩 頁岩	砂岩	礫岩
粒の大きさ	0.2	0.63	2	(mm)
堆積物	粘土	シルト（泥）	砂	礫

表7－2　堆積岩の分類

ほかには「頁岩（けつがん）」といって、粒子のサイズはシルトと同じですが、本の「頁」がめくれるように表面が薄く剥離する石もあります。いま新たな資源として注目されている「シェールオイル」は油分を多く含む頁岩から採れる油のことで、この頁岩は「石油頁岩」とも呼ばれています。

一方では「風」がつくる堆積岩もあります。これをとくに「エオリアン」と呼んでいます。砂漠や砂丘では、風が石ころを削りつづけた結果、まるで人工物のように規則的な三角錐などの形になった「三稜石（さんりょうせき）」や、水たまりなどが干上がって、そこに沈殿していた物質が固まって石になった「蒸発岩」などが見られます。私たちになじみがある蒸発岩に、岩塩や石膏があります。

図7－1　上麻生礫岩の露頭

また、火山から噴き上げられた火山灰が風下に運ばれ、地表や海底に堆積したものも堆積岩となります。関東平野に広がる赤土の「関東ローム層」は、富士山や箱根山から飛んできた火山灰が堆積したエオリアンです。火山灰が広がる範囲はわれわれの想像を超えるものがあり、いまから7000年ほど前の縄文時代に起こった鹿児島の鬼界カルデラの大噴火や、阿蘇の噴火では、「阿蘇4」と呼ばれる火山灰がなんと太平洋の真ん中にあるシャツキーライズという海台にまで飛んでいっています。また、鬼界カルデラの火山灰は赤いので「アカホヤ」と呼ばれる土壌をつくりました。

日本列島でいちばん古い石として知られているものも、礫岩です。岐阜県の飛騨川に沿った左岸に露出している「上麻生礫岩」（図7－1）と呼ばれるものの中の礫で、その年代はなんと20億年前です。近くには日本最古の石を記念した博物館が建てられています。この石には、日本最古の花崗岩の礫が含まれています。

ついでにいえば、日本でいちばん古い鉱物は、富山県宇奈月の変成岩中の、なんと約37億年前のジルコンです。このジルコンは上麻生礫岩の中から出てきました。この発見によって、日本列島がこれまで知られていた以上に古いことがわかってきたのです。

「温度と圧力」がつくる変成岩

火成岩ファミリーに属さない「他人の石」としては、「変成岩」もあります。これは石が存在している場所の温度や圧力などが異なった条件になったときに、もともと含まれていた鉱物が不安定になり化学変化して、新しい鉱物の組み合わせになった（変成した）石のことです。もとの石のことを「原岩」といいます。原岩は火成岩でも、堆積岩でも何でもいいのです。

変成岩を調べて、変成したときの温度・圧力がどのような条件だったかを解析することで、その石ができたところがどのような環境だったのかが推測できます。高温・低圧の条件下でできた変成岩は、地殻の中で起こった現象を保存しています。たとえば山脈の地下で何が起こっていたのかを知る手がかりを与えてくれます。一方、低温・高圧の条件下でできた変成岩は、プレートが沈み込む地下深部での現象を教えてくれます。そうした場所ではとくに翡翠（輝石）やローソン石（コンビニの商品ではなくローソンという人にちなんでつけられた鉱物名です）などがつくられます。高温・高圧でできた変成岩もあり、地殻下部や上部マントルの情報を提供しています。

図7－2　片麻岩

第6章で出てきた原始的な岩石コマチアイトは、いまは世界でも露出しているところは少ないのですが、稀に産出する南アフリカ共和国のコマチ川では、変成岩になっています。原岩の橄欖岩とは、組織だけでなく組成も異なっているのです。マグマオーシャンから固まってできたコマチアイトがその後、地下深部に沈んだときに、橄欖石が再び晶出するくらいまで温度が上がって変成したのではないかと考えられています。すると、いま見えているコマチアイトは冥王代にあったものではなく、二次的なものである可能性があります。

コマチ川のコマチアイトの表面には木の枝か草のようなスピニフェックス組織が見られることも第6章で述べました。こうした岩石の組織は変成岩にはよく見られ、花崗岩とよく似た「片麻岩」という変成岩には、麻の糸を編んだような縞模様ができています（図7－2）。片麻岩のこの組織は、マグマになる少し手前まで温度が高くなって軟らかくなった原岩が圧力を受け、徐々に変形することでできたものです。

カナダ北西部のアカスタというところで採れたアカスタ片麻岩は、約40億年前の世界最古の石として知られていますが、これは花崗岩が変成したものと考えられています。

変成したコマチアイトと片麻岩という二つの変成岩の例は、橄欖岩も花崗岩も、変成作用によって組織だけではなく、化学組成まで変化している可能性があることを示しています。つまり、マグマの結晶分化や部分溶融とは異なる変成作用という過程でも、組成が変化することがあるのです。

「生物」がつくる石　①生命誕生と石の関係

そのほかに「他人の石」として紹介したいものに、生物がつくった石もあります。いずれも堆積岩の一種と位置づけられますが、生物がつくるという点で興味深い石です。

しかしその前に、生命の誕生について少し考えてみたいと思います。地球に最初の生命が出現したのは、約40億年前と考えられています。つまり、ちょうど冥王代が終わるころです。三つの石たちの活躍で地球の骨格ができあがったところで、主役が生命に交替したともいえます。

では、生命の誕生には石は関与していたのでしょうか。生物学者や化学者のなかでは現在、生命は深海の熱水噴出孔のような場所で生まれたと考える人が多いようです。ほかには、宇宙からやってきたと考える人や、もっと浅い海でできたと考える人もいます。もし熱水噴出孔だったとすれば、そこには海底の基盤として、玄武岩や橄欖岩があります。橄欖岩は水と反応して、蛇紋岩になっています。ここで一つの可能性として、第1章でも述べた、蛇紋岩ができる反応で生まれた水素の関与が考えられます。

すでにお話ししたように、橄欖岩から蛇紋岩ができる反応では水素が出てきます。そして、この水素を代謝に利用する水素酸化細菌が、生命の最も原始的な姿である可能性があります。だとすれば、生命は蛇紋岩の助けによって誕生したということになります。

さらにいうと、蛇紋岩の造岩鉱物である蛇紋石は、雲母と同じように3個の酸素原子が共有結合して平面的な網状の結晶構造をつくります。つまり、その隙間にはイオン半径が大きい元素が入り込めます。なかでも「クリソタイル」という種類の蛇紋石は、ロールケーキのように巻いた柔らかな構造をしていて、そこにさまざまな元素が入り込めます。生物にとって重要な元素は頭文字をとって「SPHONC」と述べましたが、これらはみな入り込めるのです。もしかしたら、このクリソタイルが生命に必要な元素をその構造の中に抱え込んだうえで、化学反応の触媒のような働きをしたのかもしれません。私自身はそう考え、クリソタイルに着目しています。

「生物」がつくる石　②石灰岩、チャートなど

では、「生物が石をつくる」とはどういうことでしょうか。それは、石をつくる鉱物や、鉱物のもとになる物質を、まさに生物がつくりだすということです。代表的なものに「方解石（ほうかいせき）」とシ

リカ（SiO_2）があります。

方解石とは、「炭酸塩鉱物」に属する鉱物です。本書でこれまでたくさん見てきたケイ酸塩鉱物と違って、炭酸塩鉱物は通常の造岩鉱物ではありません。その組成としては、ケイ酸塩鉱物の基本であるケイ酸塩SiO_4のところに炭酸塩（CO_3）が入り、カルシウムと結合した炭酸カルシウム（$CaCO_3$）でできています。この方解石が堆積して固まり、「石灰岩」という石になるのです。

方解石をつくる生物の代表が、サンゴです。サンゴ礁とは、太陽の光を受けて光合成をする小さな生物、サンゴ虫の群体であることは知られています（図7－3）。

図7－3 サンゴの骨格

サンゴ虫は海水中の炭酸塩を取り込んで、方解石をつくります。石灰岩は、この方解石がサンゴ礁に大量に堆積することでつくられます。サンゴ虫は水深の浅い、水温25℃前後の清澄な海水があるところにしか棲めませんので、サンゴ礁は熱帯から亜熱帯の海洋の大陸棚や、火山

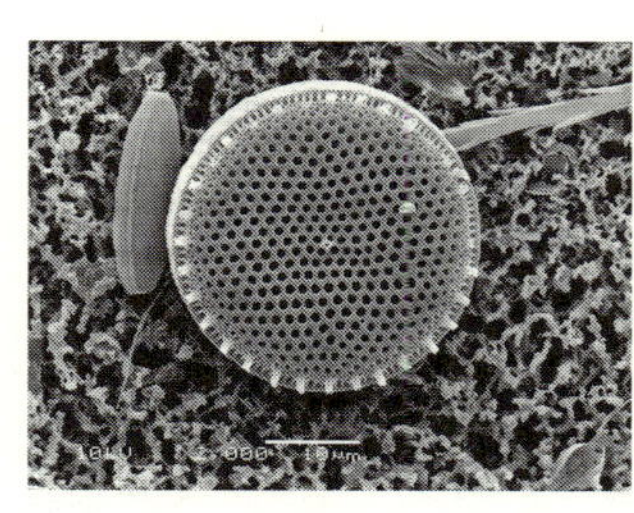

図7－4　珪藻

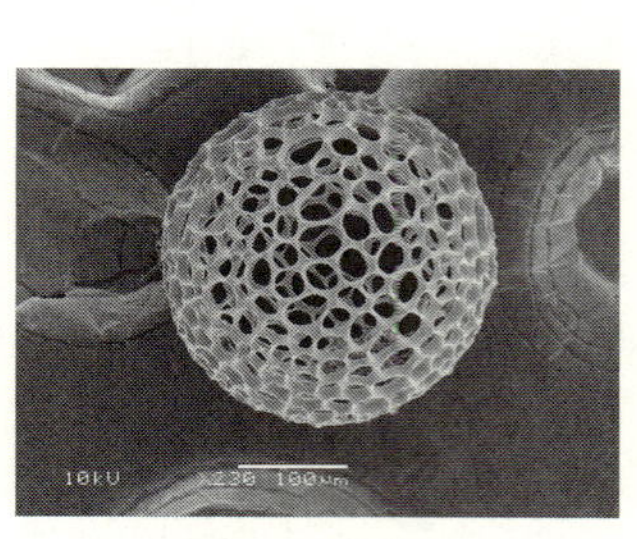

図7－5　放散虫

島の周辺などに特徴的にできます。こうしたサンゴ礁の分布とその発達史を初めて明らかにしたのは進化論で有名なダーウィンです。地中海の起源となったテーチス海ではかつてサンゴ礁が発達したため、現在もフランスをはじめ地中海周辺の地域には石灰岩が多く見られます。石灰質の土壌は保水性が高いと同時に、水分が飽和してくると水はけがよくなることから、ワインに用いるブドウの畑には最適とされています。

石灰岩は、地球史においては数奇な運命をたどっている石です。熱帯や亜熱帯の、火山島の周辺にできたものが、深い海へと沈降し、プレートによって何千キロも移動し、やがてプレートもろとも海溝へ沈み込んでいきます。ところが、プレートが大陸に衝突すると、海溝にたまった堆積物がプレートによって陸側に押しつけられて乗り上げてできる付加体に入り込んで、ついに陸上へ顔を出し、エベレストなどの高山に押し上げられることもあれば、陸上の雨水によって浸食されて鍾乳洞を形成することもあります。こうしたダイナミックな旅路を、1億年以上もかけて経てきているのです。

一方のシリカは、ケイ素の化合物であり、みなさんおなじみの造岩鉱物の構成物質です。シリカをつくる生物には、植物に属する「珪藻」（図7－4）と、動物の「放散虫」（図7－5）とがあります。いずれも微小なプランクトンですが、シリカでできた硬い殻で身体を覆っています。それらは死んだあとも残り、海底に堆積して、「チャート」という石になるのです。主成分となる鉱物は、珪藻の殻からできたチャート（珪藻岩）はオパール、放散虫の殻からできたチャートは石英です。チャートはかつて、火打石に使われたこともあります。

図7－6　有孔虫

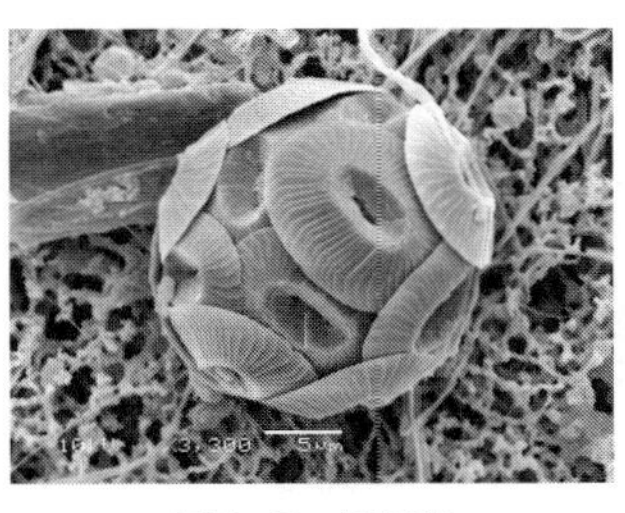

図7－7　円石藻

そのほかには、有孔虫（図7－6）という動物プランクトンの殻は炭酸カルシウムでできていて、死後に沈殿・堆積すると石灰岩になります。また、円石藻（図7－7）という植物プランクトンの身体も「円石」という炭酸カルシウムの層で覆われていて、これが堆積すると石灰岩や、チョークになります。学校の授業で使われるあのチョ

図7－8　ドーバー海峡のチョークの崖

図7－9　ストロマトライト

ークです。イギリスとフランスの間にあるドーバー海峡には、なんと大部分がチョークでできた巨大な白い崖があります（図7－8）。

最後にもうひとつ、生物がつくった石を紹介します。まだ地球の大気に酸素がほとんどなかった約27億年前、シアノバクテリアという初めての光合成生物が大量発生して、地球を酸素ずくめにしてしまったことはご存じの方も多いと思います。この原始的な藻類は、石もつくっているのです。それを「ストロマトライト」といい、実は現在も、オーストラリア西部シャーク湾のハメリンプールなどでつくり続けられています（図7－9）。

シアノバクテリアは日光が当たる浅い海に生息し、日中は光合成をして成長します。夜になると萎れて、そこへ砂や泥がたまります。それを繰り返すうちに、シアノバクテリアの死骸と泥からなる、縞状の石が形成されていきます。このプロセスが約27億年前から現在にいたるまで、営々と続けられているのです。

石も進化している

いささか駆け足でしたが、三つの石とは異なる来歴をもつ石たちを、「他人の石」として紹介してきました。しかし、あらためて書いてみて、これらの石を「他人」と呼ぶのはあたらないのではないか、と思えてきています。やはり、どこかでこれらも三つの石とつながっているのではないか、むしろ三つの石が変化したものとさえいえるのかもしれません。

堆積岩のもとになったのは、大陸から削られた石のかけらです。たとえば日本最古の礫岩からは、風化して細かな粒となって水の流れに身をまかせてきた花崗岩が顔をのぞかせています。富士山の山体からは、おそらく大量の玄武岩質の火山灰が風に乗って、あちこちに舞い降りて堆積していることでしょう。また、橄欖岩や花崗岩は、それぞれ二次的なコマチアイトや片麻岩に姿を変えて変成岩としても分布しています。石灰岩についても、サンゴ礁を育む暖かな海をもたらしたのは、玄武岩質マグマを主体とする火山活動です。つまるところ「他人の石」とは、三つの石から生まれてきた第二世代の石たちといえるのかもしれません。

そう考えていくと、三つの石が地球の進化に果たしてきた役割の大きさに、あらためて気づかされるのです。

地球の進化を語るときによく使われるのが「共進化」という言葉です。大気や海洋や陸という、地球環境の構成要素は、地球の誕生以来、単独で進化しているのではなく、それぞれが影響をおよぼしあっているのだという考え方です。共進化のメンバーには、生物も入っています。

すると石もみずから進化しながら、地球環境を、生物をも含めて進化させてきているのでしょう。もしも本当に、熱水噴出孔において蛇紋岩からもたらされた水素が生命誕生のきっかけとなったのならば、石は地球にとてつもない影響を与えたということになります。さらには、いまや地球環境にとって最大の脅威となってしまった人類が、ほかの生物がもちえなかった「文明」を獲得したのも、石を道具として利用したことがきっかけとされています。そこまで考えたとき、もしかしたら石は地球と私たちをどこかに導こうとしているような気さえしてくるのです。

石そのものは、これからも進化していくのでしょうか。地球はこれまで、プレートテクトニクスによって島弧が集積して大陸をつくり、大陸が集積して超大陸をつくると、プルームによって引き裂かれ、ばらばらになって、やがてまた集積を始める、というサイクルをおよそ3億年ごとに繰り返してきたと考えられています。これを「ウィルソン・サイクル」といいます。3億年というサイクルで見れば、石が少しずつ進化をとげていても不思議ではありません。

石の究極の進化形というものを想像してみたとき、私がイメージするのは、SF作家のアーサー・クラークが書いた『2001年宇宙の旅』に出てくる巨大な石「モノリス」です。突如、地球に出現したモノリスは、群がる猿人たちに道具を使うことを音楽によって知らしめました。やがて文明を手にした人類が月面で再会したモノリスは、どんな技術をもってしても傷つけることさえできませんでした。モノリスこそは、石が進化した究極の姿なのかもしれません。

「石の惑星」で進化をとげた私たちの子孫が、いつかこの星を出て、宇宙空間のどこかでモノリスのような石に出会うときがくるのでしょうか。その石は、はたしてどのような組成になっているのでしょうか。その石は、子孫たちをどこへ連れていくのでしょうか。想像をたくましくしながら、このあたりで三つの石の物語を終えたいと思います。

あとがき

三つの石の話はいかがでしたでしょうか。

私が岩石を研究していたのは、大学の4年生と大学院の修士課程のときでした。都城秋穂先生の名著『変成岩と変成帯』に魅せられて、変成岩をテーマにしていました。研究地域は浜松で、大河ドラマ「おんな城主　直虎」ゆかりの浜名湖の北にある三波川変成岩帯に出かけては、変成を受けた玄武岩や火山灰、また砂岩や泥岩が変成した砂質片岩や泥質片岩などを採取して、調べていました。

しかし、本書にも書きましたが、変成岩というのは地下の深いところで、大変な高圧によってできるものが多く、それらは実験で再現することができません。自分の目で確かめることができない研究に、もどかしさも感じるようになっていました。

卒業して研究者になってからは、海洋や、外国の地層などが研究対象になりました。すると、石には私が知らなかったものがまだまだたくさんあり、それらの石は、実に多くのことを教えてくれることに気づきました。私の石ころ集めは再開され、わが家の庭には、世界中から持ち帰ったいろいろな石が、そこらじゅうに転がっているようになりました。

しかし、これだけたくさんの種類の石を前にすると、石の名前はあまりにも多すぎて、とてもじゃないが覚えきれない、という気にもなってきました。漢字で書いたときの字面もいかめしくて、見ただけではまったく意味がわかりません。

石とは長いつきあいになる自分でさえそうなのだから、一般の人たちにとって石の名前と向き合うことなど、苦痛でしかないのではないか。そのせいで、石の世界の面白さが広く知られることがないのは、実にもったいないことではないか。なんとかして、たくさんある石を整理して、統一的に語れるような説明ができないだろうかと、考えるようになったのです。

私はブルーバックスで『山はどうしてできるのか』『海はどうしてできたのか』『川はどうしてできるのか』という三部作を書いています。これらには石のこともたくさん出てきます。いずれも、地球が誕生してから進化していく過程で重要な役割を果たしているのですが、そのわりには、石そのものをクローズアップして書いたことがいままでありませんでした。そこで、地球史のなかで石を主役として位置づけて書いてみてはどうかと考えました。

もちろん、地球の進化にはさまざまな石が登場してきます。しかし、それらを三つの石だけ、すなわち橄欖岩、玄武岩、花崗岩という地球上では最もありふれた石だけに絞っても、大方のことは語れるのではないか、むしろそのほうが、石になじみのない読者にも頭に入りやすいのではないか、と思いついたのです。なにごとも、新しいことを知るには細かいディテールよりもまず、大きく全体像をつかむべきだと私は考えています。

また、その間に、海洋研究開発機構で石についての展示を担当することになった光山菜奈子さんを手伝ったのも、執筆のきっかけとなりました。

『海はどうしてできたのか』で私は、初期の地球史について書きましたが、それから3年たったいま、とくに冥王代の地球が、石とともにドラスティックに変化したことに思い当たり、「海」の本とはかなり異なったシナリオを書き込むことにしました。地球の誕生を元日、現在を大晦日に見立てる「地球カレンダー」でみれば、「1月」のうちに海や大陸などについてのすべてのことができあがった可能性があります。そういう想定で、冥王代の歴史を私なりに想像の翼を広げて書いてみましたが、なにしろ私の独断と偏見でなりたっていますので、批判的に読んでいただければ幸いです。

「はじめに」で、私が子どもの頃に石を集めては図鑑で調べていたほど石好きであったと書きましたが、それは母から聞かされたことでした。その母はもうこの世にいません。彼女にもこの本を見てほしかった思いがあります。

浜松市の引佐町渋川にある東光院は、「直虎」のいいなづけで非業の最期を遂げた井伊直親が逃げていた寺であるようです。学生時代、ここに私は研究のために長い間、投宿させていただきました。卒業論文や修士論文を無事に完成させることができたのは、住職であった中島吾一さんご夫妻の温かい支援があったからでした。それから46年以上もたってこのような本を世に出すことができたのも、根底にはあのときのご厚情があったからであり、その意味では私にとってまさにマイルストーンともいえる経験でした。

本書を書くにあたって、神奈川県立生命の星・地球博物館館長の平田大二氏には原稿を読んでいただき、さまざまな指摘をいただきました。とくに冥王代に関しては博物館の常設展示の大きな目玉でもあるので、いろいろと議論していただきました。千葉県立中央博物館の高橋直樹博士からは、石の写真や石の知識を賜りました。とくに超塩基性岩や斑糲岩に関して、さまざまに議論していただきました。

海洋研究開発機構の光山菜奈子さんとは横浜研究所での石の展示において、共同で作業をしてきました。この本はそれが出発点であったと思っています。監物うい子さんには、過去に石を含めた展示や、サイエンスカフェなどで石の話をしたときに、ファシリテーターを務めていただいたことがありました。そこで、お二人には関係者という立場で租稿を読んでいただき、いろいろなご意見を頂戴しました。講談社ブルーバックスの山岸浩史氏には難しい表現や意味の通らない記述などに我慢強く手を加えていただきました。

きわめて難解であった本書が少しでも読みやすく、そして読者のみなさんが石への興味を抱く入口としてふさわしいものになったとすれば、それはこれらの方々のおかげです。ここに記して感謝いたします。

ところで、この本の表紙にある三つの石の写真、もうみなさんはどれがどの石かはおわかりになるはずですが、実はこのデザインには、ほかにも深い意味があることにお気づきでしょうか。

写真の大きさが緑、黒、白の順になっているのは、それぞれの石が地球に存在している量を表しています。そして、配置が上から白、黒、緑の順になっているのは、地表からその順番に存在していることを表しているのです（私の名前あたりが地表ですね）。表紙のデザインをしてくださったデザイナーさんのアイデアだそうで、その児崎雅淑さんにも、ここに御礼を申し上げたいと思います。

二〇一七年春

藤岡換太郎

参考資料

『生命40億年全史』リチャード・フォーティ、渡辺政隆訳　２００３　草思社
『地球46億年全史』リチャード・フォーティ、渡辺政隆・野中香方子訳　２００９　草思社
『伊豆・小笠原弧の衝突　海から生まれた神奈川』藤岡換太郎他編著　２００４　有隣新書
『山はどうしてできるのか　ダイナミックな地球科学入門』藤岡換太郎　２０１２　講談社ブルーバックス
『海はどうしてできたのか　壮大なスケールの地球進化史』藤岡換太郎　２０１３　講談社ブルーバックス
『川はどうしてできるのか　地形のミステリーツアーへようこそ』藤岡換太郎　２０１４　講談社ブルーバックス
『深海底の地球科学』藤岡換太郎　２０１６　朝倉書店
『日本海の拡大と伊豆弧の衝突　神奈川の大地の生い立ち』藤岡換太郎・平田大二編著　２０１４　有隣新書
『日本百名山』深田久弥　１９７８　新潮文庫
『日本の変成岩』橋本光男　１９８７　岩波書店

『2001年宇宙の旅』アーサー・クラーク　1993　早川書房
『一般地質学1～3』アーサー・ホームズ、ドリス・ホームズ改訂　上田誠也・貝塚爽平・兼平慶一郎・小池一之・河野芳輝訳　1984　東京大学出版会
『38億年生物進化の旅』池田清彦　2010　新潮社
『火山　噴火と災害』伊藤和明　1981　保育社カラーブックス
『日本の山』貝塚爽平・鎮西清高編　1986　岩波書店
『地球と生命　地球環境と生物圏進化』大谷栄治他編、掛川 武・海保邦夫　2011　共立出版
『かながわの自然図鑑①　岩石・鉱物・地層』神奈川県立生命の星・地球博物館編　2000　有隣堂
『日本列島20億年　その生い立ちをさぐる』神奈川県立生命の星・地球博物館編　2010　神奈川県立生命の星・地球博物館編
『新版かながわの自然図鑑　①岩石・鉱物・地層』神奈川県立生命の星・地球博物館編　2016　有隣堂
『石と人間の歴史　地の恵みと文化』蟹澤聰史　2010　中公新書
『地球科学選書　日本の地質』勘米良亀齢・橋本光男・松田時彦編　1992　岩波書店
『地球表層環境の進化　先カンブリア時代から近未来まで』川幡穂高　2011　東京大学出版

会
『図解入門　最新地球史がよくわかる本「生命の星」誕生から未来まで』川上紳一・東條文治　2006　秀和システム
『山を読む』小疇尚　1991　岩波書店
『日本の火成岩』久城育夫・荒牧重雄・青木謙一郎編　1989　岩波書店
『生命と地球の歴史』丸山茂徳・磯崎行雄　1998　岩波新書
『一般地球化学入門』B・メイスン、松井義人・一国雅巳訳　1970　岩波書店
『日本列島石の旅　東日本編』宮城一男　1979　玉川選書
『日本列島石の旅　中部日本編』宮城一男　1981　玉川選書
『変成岩と変成帯』都城秋穂　1965　岩波書店
『岩波講座　地球科学16　世界の地質』都城秋穂　1991　岩波書店
『岩石学1〜3』都城秋穂・久城育夫　1972〜1977　共立出版
『日本の堆積岩』水谷伸治郎・斎藤靖二・勘米良亀齢編　1987　岩波書店
『日本の自然』阪口豊編　1980　岩波書店
『原色宝石小事典』崎川範行　1966　講談社ブルーバックス
『石のはなし』白水晴雄　1992　技報堂出版

『花崗岩が語る地球の進化』高橋正樹　1999　岩波書店
『火成作用』日本地質学会フィールドジオロジー刊行委員会編、高橋正樹・石渡明　2012　共立出版
『北海道の火山』高橋正樹・小林哲夫編　1998　築地書館
『東北の火山』高橋正樹・小林哲夫編　1999　築地書館
『関東甲信越の火山1・2』高橋正樹・小林哲夫編　1998　築地書館
『中部・近畿・中国の火山』高橋正樹・小林哲夫編　2000　築地書館
『九州の火山』高橋正樹・小林哲夫編　1999　築地書館
『石ころ博士入門』高橋直樹・大木淳一　2015　全国農村教育協会
『地球の科学　大陸は移動する』竹内均・上田誠也　1977　NHKブックス
『安山岩と大陸の起源　ローカルからグローバルへ』巽好幸　2003　東京大学出版会
『図解雑学　元素』富永裕久　2005　ナツメ社
『世界の変動帯』上田誠也・杉村新編　1973　岩波書店
『発達史地形学』貝塚爽平　1998　東京大学出版会
『アフリカ大陸から地球がわかる』諏訪兼位　2003　岩波ジュニア新書
『地球環境46億年の大変動史』田近英一　2009　化学同人

『大気の進化46億年　O_2とCO_2　酸素と二酸化炭素の不思議な関係』田近英一　２０１１　技術評論社
『失われた原始惑星　太陽系形成期のドラマ』武田弘　１９９１　中公新書
『新詳高等地図』帝国書院編集部編　２００７　帝国書院
『水の旅』富山和子　１９８７　文藝春秋
『水の文化史　四つの川の物語』富山和子　１９９０　文春文庫
『日本地形誌』辻村太郎、佐藤久・式正英校訂　１９８４　古今書院
『惑星の起源　隕石からのアプローチ』ジョン・ウッド　竹内均訳　１９７０　講談社ブルーバックス

【ま行】

【や行】

【ら行】

【わ行】

【アルファベット・数字】

【た行】

【さ行】

さくいん

N.D.C.458　222p　18cm

ブルーバックス　B-2015

三つの石で地球がわかる
岩石がひもとくこの星のなりたち

2017年 5 月20日　第 1 刷発行
2023年 6 月19日　第13刷発行

著者　藤岡換太郎
発行者　鈴木章一
発行所　株式会社講談社
〒112-8001　東京都文京区音羽2-12-21
電話　出版　03-5395-3524
販売　03-5395-4415
業務　03-5395-3615
印刷所　（本文印刷）株式会社新藤慶昌堂
（カバー表紙印刷）信毎書籍印刷株式会社
製本所　株式会社国宝社

定価はカバーに表示してあります。

©藤岡換太郎 2017，Printed in Japan
落丁本・乱丁本は購入書店名を明記のうえ、小社業務宛にお送りください。送料小社負担にてお取替えします。なお、この本についてのお問い合わせは、ブルーバックス宛にお願いいたします。

本書のコピー、スキャン、デジタル化等の無断複製は著作権法上での例外を除き、禁じられています。本書を代行業者等の第三者に依頼してスキャンやデジタル化することはたとえ個人や家庭内の利用でも著作権法違反です。

Ⓡ〈日本複製権センター委託出版物〉複写を希望される場合は、日本複製権センター（電話03-6809-1281）にご連絡ください。


ISBN978－4－06－502015－9

発刊のことば

科学をあなたのポケットに

二十世紀最大の特色は、それが科学時代であるということです。科学は日に日に進歩を続け、止まるところを知りません。ひと昔前の夢物語もどんどん現実化しており、今やわれわれの生活のすべてが、科学によってゆり動かされているといっても過言ではないでしょう。

そのような背景を考えれば、学者や学生はもちろん、産業人も、セールスマンも、ジャーナリストも、家庭の主婦も、みんなが科学を知らなければ、時代の流れに逆らうことになるでしょう。

ブルーバックス発刊の意義と必然性はそこにあります。このシリーズは、読む人に科学的に物を考える習慣と、科学的に物を見る目を養っていただくことを最大の目標にしています。そのためには、単に原理や法則の解説に終始するのではなくて、政治や経済など、社会科学や人文科学にも関連させて、広い視野から問題を追究していきます。科学はむずかしいという先入観を改める表現と構成、それも類書にないブルーバックスの特色であると信じます。

一九六三年九月

野間省一